國立清華大學生物倫理與法律研究中心 范建得教授主編

聯合國氣候變化綱要公約
與巴黎協定

Introduction to International Climate Change Law:
UNFCCC and Paris Agreement

2021年氣候行動家必備書目！以更專業的視角去打敗氣候變遷吧～
本書將針對UNFCCC之背景、重點機構、歷史演進進行精要的介紹，並特別納入對於攸關
全球2020年後氣候行動之《巴黎協定》的導讀，期許為大家建立起腦中的氣候行動論述架構！

范建得

方肇頤 ——— 著

廖沿臻

謝　辭

　　從接觸、參與《聯合國氣候變化綱要公約》，到有機會為我國因應氣候公約之方向提出建議、為我國聯結國際與落實在地行動而努力，轉眼已是二十年，其中要特別感謝環保署，尤其是當時的溫室氣體減量辦公室與之後的環管處，長期以來在研究經費的支持、組團與會過程的信任，維持了個人對於聯合國氣候公約的全面學習；其次，有幸參與工業技術研究院團隊，學習以科學基礎來瞭解公約之規範及其建構之管制架構與政策工具，並一起向國家提出建議，更是個人獲得跨領域專業成長的支柱。此外，個人也要對於外交部在後京都談判伊始，願意專案投入氣候公約活動，並將整體台灣氣候行動提升到國安層級表達敬意，畢竟一直到外交與環署的專業合作成型，並導入國安之督導，我國面對氣候危機與因應氣候公約的生存與發展之道，方能定調。最後，我要特別謝謝肇頤及沿臻兩位共同作者的努力、工研院連振安工程師的協助校正以及長期默默為台灣參與氣候行動，在國際上付出的團隊；包括台灣綜合研究院、中華經濟研究院、永智顧問有限公司、環科工程顧問股份有限公司、永續能源基金會、天氣風險管理開發股份有限公司、台灣碳捕存再利用協會、TSIA 台灣半導體協會、台灣青年氣候聯盟等，在過去的二十年，自他們在廣泛氣候議題中的無私專業奉獻，個人獲益良多。這本書，只是個人嘗試紀錄二十年來心得的一小部分，未來期望能隨台灣開始真正投入以 2050 淨零為願景的新紀元，更進一步的將台灣在氣候行動上的努力成果，以更完整的方式呈現出來。

2021 年 5 月

作 者 簡 介

范 建 得

國立清華大學科技法律研究所 教授

個人網站: http://fanct.gapp.nthu.edu.tw

Email: ctfan@mx.nthu.edu.tw

學歷

美國普傑桑大學法律博士

教職

現為國立清華大學科技法律研究所教授

兼任國立清華大學研發處研究倫理辦公室主任

主持國立清華大學生物倫理與法律中心、國立清華大學區塊鏈法律與政策研究中心

學術領域

環境法、能源及自然資源法、公平交易法、區塊鏈法律與政策、生物科技法、研究倫理等

相關著作

學術專章

范建得,第 4 章溫室氣體減量及管理法,《企業永續契機-全球氣候變遷下永續發展策略》,簡又新發行人暨主編,台灣永續能源研究基金會出版,2017.11。(ISBN:9789869147880)

主編書籍

《京都議定書與清潔發展機制(CDM)100 問》,2008.03,清華大學生物倫理與法律研究中心出版(范建得主編,清大科法叢書)。(ISBN:9789866842658)

The Development of a Comprehensive Legal Framework for the Promotion of Offshore Wind Power , edited by Anton Ming-Zhi Gao and Fan, Chien Te, published by Kluwer Law International, Energy and Environmental series, 2017（ISBN：978-90-411-8397-2）

Legal Issues of Renewable Electricity in Asia Region: Recent Development at a Post-Fukushima and Post-Kyoto Protocol Era, edited by Anton Ming-Zhi Gao and Fan, Chien Te, published by Kluwer Law International, Energy and Environmental series, Volume 25, 2014（ISBN：978-90-411-4856-8）

相關經歷

　　范教授在能源及環境法之研究，始自 2001 年聯合國氣候變化綱要公約（UNFCCC）第七屆締約國大會馬拉喀什（Marrakesh）回合談判開始，便積極的參與 UNFCCC 相關談判工作，其並多次受邀擔任周邊會議的主講人，可謂在此領域之經驗豐富。

　　除執行相關研究計畫以外，范教授長期協助政府進行國際協商談判並擔任顧問，包括總統府科技顧問、行政院、外交部及環保署等，以及擔任其它產業界相關政策或法律的諮詢工作。此外，范教授於 2017 年獲邀擔任行政院能源及減碳辦公室委員，並於 2018 年獲邀成為國際商會仲裁及 ADR 委員會「氣候變遷相關爭議的仲裁」工作小組成員（The membership to the ICC Task Force on "Arbitration of Climate Change Related Disputes"）

作者簡介

方 肇 頤

國立政治大學外交學系 博士候選人

Email: fangjaw@gmail.com

學歷
國立政治大學外交學系 博士生
國立清華大學科技法律研究所 法學碩士

學術領域
國際環境法、氣候變遷法、國際環境政治

相關經歷
曾為以色列耶路撒冷希伯來大學（The Hebrew University of Jerusalem）國際關係系訪問學人，返國先後於中華民國仲裁協會國際仲裁組及外交部條約法律司服務，亦曾奉派至美國華府之國際組織進行培訓，長期關注年聯合國氣候變化綱要公約（UNFCCC）談判進展、國際環境政治協商及相關國際援助工作。

作 者 簡 介

廖 沿 臻

國立清華大學科技法律研究所碩士

律師

Email: yenchen.liao@eternity-law.com

學歷

　　國立清華大學科技法律研究所　法學碩士

　　日本大阪大學法科大學院　　　特別研究生

現職

　　現為誠遠商務法律事務所受雇律師

學術領域

　　國際氣候變遷、能源法、金融商品法

相關著作

　　《國際間再生能源詐欺犯罪案例與預防措施之研究－對我國再生能源推動
　　　　之啟示》，「涉外執法與政策學報」，2012 年，與高銘志教授共著

　　《論我國金融消費者保護法之說明義務及適合度規定－以日本法為參考》，
　　　　「東海大學法學研究」，2015 年，與蔡昌憲教授共著

相關經歷

　　於清華大學科技法律研究所就讀碩士學位時即參與 UNFCCC 研究，隨後前
往日本大阪大學法科大學院以特別研究生身份進行交換，返國後於清華大學
科技法律研究所擔任研究助理，並參與於摩洛哥舉辦之 COP21，長期關注國
際氣候變遷之政策與實行情況。於 108 年起開始以律師身份執業，主要執業
內容包括我國太陽能電廠必要許可、認可之確認，我國再生能源電廠之盡職
調查、以及我國再生能源發展條例與用電大戶條款適用上之法律意見提供。

序 言

　　參與聯合國氣候公約的活動已經 20 年,個人有幸見證全球人類為挽救地球氣候危機所付出的道德情操,也學習到國際政治領袖展現的領導才能、科學家的奉獻與執著,更深刻體會到位居國際特殊地位的台灣,將如何的面臨挑戰與危機。京都議定書的生效,原本給了我們一個機會,但隨即而來的公約頓挫,讓國際氣候行動必須重新盤整,也因此促生了巴黎協定;這期間,聯合國 IPCC 的第五次報告及 1.5C 特別報告,及其所印證日趨嚴重的極端氣候災害,已明確將全球導入氣候危機的情境模擬,除許多國家相繼宣布氣候危機外,自下而上的非政府部門參與、企業的綠化供應練承諾,均將氣候行動與全球永續發展緊密連結,至於瑞典少女桑柏格帶動的跨世代正義論述,更加速了全球邁向 2050 淨零排碳的進程。然則在整個過程中,就氣候行動的核心議題;即願景、減緩、調適、技術、財務、能力建置,以及社經與教育來看,我國始終沒能以統合的氣候政策來加以對應,而多是聚焦在能源轉型,所以一直是以全國能源會議來回應氣候公約的重要發展。

　　雖說在 2015 年巴黎協定通過之際,我國也通過了溫室氣體減量及管理法,但是欠缺巴黎協定所要求的 2030 減碳與控溫目標,也未見法制基礎來提出我國的自定減碳貢獻(NDC),從而在面臨台灣各界對於銜接國際 2050 淨零排碳之呼籲,以及外貿導向之企業如何因應國際碳邊境調整措施(CBAM)之壓力時,我們甚至無法在法治國的原則下,決定如何去訂定與國際同步的減碳目標、如何分配並納入各部門的減碳貢獻、如何導入攸關履行國家減碳義務並同時創造綠色契機的碳定價機制,以及如何帶動公私合夥強化減碳並提升社會韌性。具體而言,台灣在上述所有氣候行動的核心議題上都有其實力,但欠缺對於國際公約發展的脈絡掌握,往往淪於非系統性的決策,或事倍功半的投入;尤其或因欠缺對於國際政治談判所折衝出之公約條的理解,我們與國際社會所關切之重

點，更容易流於漸行漸遠。

　　這本書，並非要將龐大的氣候行動事務都納入討論，而是希望提供給關切全球氣候行動的台灣各界人士，對於國際氣候行動所依據根本遊戲規則有較體系性的瞭解；知道規範之發展、要求、之所以然，以及現階段之意義，讓各方在對話時，能回歸一致的用語、概念認知，以免流於各說各話，甚至以偏概全失去氣候行動的真義。前氣候公約秘書長克莉絲汀‧費加洛曾說過；「在有足夠的在地立法前，我們是無法說國際間已達成甚麼共識的！」是的，不知道國際規範要什麼?為什麼這樣要求?要求到什麼程度?如何合規?有什麼工具?可以和那一個國家或區域集團合作?這些都必須回歸對於國際公約的瞭解，而這也是這本書的撰寫目的。

2021 年 5 月

目　錄

前 言

　　氣候變遷所致之極端氣候及天然災害在 21 世紀的當下，已成為全球人類需共同面對的最大威脅。前所未見的颶風規模及極端乾旱所引起的森林大火，使人類付出重大的經濟損失和可觀的人員傷亡，濃煙漫佈及家園破碎的場景更加頻繁地出現在現實生活中。更令人擔憂的是人類為了生存發展所排放的溫室氣體，各項科學證據業已證實確為氣候急遽轉變的主因。因此，為了應對急遽惡化的氣候環境，《聯合國氣候變化綱要公約》（United Nations Framework Convention on Climate Change, UNFCCC；下稱《氣候公約》）自 1992 年成立以來，便積極整合全球力量推動氣候行動的國際合作。2015 年《氣候公約》第 21 屆締約方大會（COP21）更進一步通過劃時代的《巴黎協定》（Paris Agreement），成為人類歷史上首次，集體擘劃出全世界共同對抗氣候變遷的合作架構。嗣後各國政府積極按照《巴黎協定》之規定陸續提出各自「國家自定貢獻」（National Determined Contribution, NDC；下稱 NDC），規劃各國溫室氣體減量目標及各項氣候行動，來宣示人類準備團結一致對抗氣候變遷的決心。

　　回顧 1979 年第 1 屆「全球氣候大會」（World Climate Conference, WCC）召開當時，國際社會開始注意到氣候變遷所帶來的負面影響，包括天災頻仍、水資源短缺、糧食生產困難及沙漠化等災害，對人類社會的衝擊逐漸擴大，尤其是對於脆弱度高的國家（Vulnerable Country）、小島嶼國家（Small Island Country）、最低度開發國家（Least Developed Countries, LDCs）影響最為明顯。《氣候公約》之合作架構自始隨著更多環境的挑戰及科學發展不斷調整，故近年公約核心的減緩（Mitigation）行動做為對抗氣候變遷之長期目標，對應急迫性的天災劇變確實緩不濟急，故《氣候公約》締約方在協商《巴黎協定》時，亦逐漸重視適應環境條件改變之調適（Adaptation）行動，提升協助上述易受氣候變遷衝擊的國家進行調適之能量，同時建構出完善的國際氣候財務機制

（Climate Finance）及綠能科技轉移（Technology Transfer），投入實質資源以對各項氣候行動進行支持，逐步使《氣候公約》體系在團結人類共同對抗氣候變遷的行動更加完備。

2020 年至 2021 年全球深受「新冠肺炎」（Covid-19）疫情之影響，相同的對全球氣候行動之開展也有許多負面的衝擊，原訂 2020 年 11 月在英國哥拉斯哥（Glasgow, UK）舉辦之第 26 屆締約方大會（COP26）已延後至 2021 年 11 月。為使《巴黎協定》後續落實更具成效，不因疫情情況而有所停頓，以主辦方英國為首的許多已開發國家刻正積極說服各締約方提出更具企圖心的 NDC[1]，並期盼以「綠色振興」（Green Recovery）的概念來迅速重振在疫情影響下持續惡化的氣候狀態。然而，2021 年 2 月《氣候公約》秘書處（Secretariat）針對目前 75 國繳交之 NDC 更新版，對外發表初版的「綜合報告」（Initial version, NDC Synthesis Report）[2]。報告中強調要達成《巴黎協定》第 2 條長期控制升溫之目標[3]，以當前各國所提交的 NDC 之目標總量仍有落差，各國需要提出更有企圖心的減緩溫室氣體排放的氣候行動目標，同時在《巴黎協定》全球協力的精神下，不只是各國的公部門（Public Sectors）必須要帶頭行動，私部門（Private Sectors）和非政府組織（NGO）亦需要採取積極行動以對抗氣候變遷所帶來的負面影響。

從國際氣候行動回頭看我國的參與情況，考量台灣四面環海的地理環境，氣候變遷所形成的極端氣候災難，對於我們並不陌生，從過往風災不斷到 2021 年初罕見的全台大缺水，氣候變遷對於台灣在國家、糧食及水資源安全等各個

** 作者長期參與環保署《氣候公約》相關會議與研究計畫，因而此書部分成果參考環保署委辦工研究之研究計畫成果（2018-2020 年）；此書之編纂並感謝工研院綠能所連振安工程師協助校對與協助。

[1] GOV.UK, New dates agreed for COP26 United Nations Climate Change Conference, News release, 28 May 2020, available at < https://www.gov.uk/government/news/new-dates-agreed-for-cop26-united-nations-climate-change-conference > （accessed 10 April 2021）

[2] UNFCCC, NDC Synthesis Report, 21 Feb, 2021, available at < https://unfccc.int/process-and-meetings/the-paris-agreement/nationally-determined-contributions-ndcs/nationally-determined-contributions-ndcs/ndc-synthesis-report#eq-9 > （accessed 10 April 2021）

[3] Paris Agreement to the United Nations Framework Convention on Climate Change （Paris Agreement）, Dec. 12, 2015, T.I.A.S. No. 16-1104, article 2

層面的影響皆屬重大，然而我國卻因國際政治因素始終無法成為《氣候公約》、《京都議定書》甚至《巴黎協定》等相關國際環境協議之締約方（Party），致使我國立場難以被採納入國際談判進程中，亦難以獲得國際第一手資訊，進而參與國際合作之平台。因此，對於我國從事研究氣候變遷的產、官、學者而言，更應積極強化研究以《氣候公約》為核心的國際環境公約體系之動態發展，從而對其架構與會議內容有所瞭解，進一步思考我國可能對應氣候變遷之政策。

另一方面，當各國積極利用《氣候公約》合作平台，制訂各項全球行動以落實《氣候公約》及《巴黎協定》之際，2015 年以降的「後巴黎時期」（post-Paris era），各國已加速邁向低碳社會（Low Carbon Society）和永續發展（Sustainable development）之經濟轉型。這不只可能為全球綠色產業帶來發展的機會，制定低碳、低排放，甚或淨零碳排政策之國家於相關法規通過的同時，亦可能產生間接的貿易壁壘，而使未採取國際統一標準之氣候行動或遵循國際氣候協議的國家或企業，遭受商業交易上的不利益。因此，我國作為出口取向的國家，國際貿易具有如同生命線的重要地位，更應透過對《氣候公約》及相關國際協議的瞭解，盡早為我國整體之氣候政策提前佈局，訂定國內之相關法制，以避免未來在氣候行動背景下的貿易孤立。

基於上述理由，本書將完整針對《氣候公約》之背景、重點機構、歷史演進、以及規範各締約方國家 2020 年後氣候行動之《巴黎協定》進行精要之介紹，試圖分別從架構建立時間及各項氣候行動之鳥瞰角度，呈現出具有完整性及歷史脈絡的《氣候公約》全景，使《氣候公約》為核心的全球氣候行動發展之過去與未來，更能為國人所知。

本書共分為五個章節：前言是撰寫本書之理由及對各章節內容作初步的介紹；第一章則按照時序先後介紹《氣候公約》及其各項後續重要協定及行動，包含《京都議定書》（Kyoto Protocol）、《多哈修正案》（Doha Amendment to the Kyoto Protocol）、「國家適當減緩行動」（Nationally Appropriate Mitigation Actions, NAMAs）和《巴黎協定》的發展過程與內容；第二章將就《氣候公約》的幾個重要運作機構作介紹，包含各《氣候公約》年度締約方大

會（COP）、各重要協議之年度締約方大會、附屬機構以及科學相關機構；第三章就《氣候公約》所擘劃的六大行動，分為減緩、調適、損失與損害（Loss and Damage）、財務（Finance）、技術（Technology）、能力建構（Capacity Building）等逐一說明；第四章則針對《巴黎協定》作逐條之分析並更新《巴黎協定》後續各項談判要點；第五章為結論。

　　最後，由於以《氣候公約》為核心的國際氣候行動，是一個動態發展的體系，隨著國際談判的進程，將持續不斷產生新的機制及法律架構。本書撰擬之時，規範《巴黎協定》細部內容仍尚待於 2021 年底之《氣候公約》第 26 屆締約方大會（COP26）結束後，才會有更清楚的規範產出。爰此，本書仍然會繼續觀察未來《巴黎協定》的走向，並配合《巴黎協定》規則書（Paris Agreement Rule Book）的完成進行最終更新，以期能建立一個全面的體系，並完整說明國際氣候行動之發展，還希望讀者能不吝提供指教。

第一章 背景

1.1 聯合國氣候變化綱要公約

《聯合國氣候變化綱要公約》（United Nations Framework Convention on Climate Change, UNFCCC；下稱《氣候公約》）的概念雛型，最遠可追溯至 1979 年，當時第 1 屆「全球氣候大會」（World Climate Conference, WCC）將此合作框架提出討論。其後在 1988 年「世界氣象組織」（World Meteorological Organization, WMO）和「聯合國環境規劃署」（UNEP）共同設立了「氣候變化政府間專門委員會」（Intergovernmental Panel on Climate Change, IPCC；下稱 IPCC）並通過聯合國大會批准[4]，為《氣候公約》的成形奠下科學基礎。嗣後 IPCC 針對氣候變遷發表定期報告、評估氣候變遷的影響及未來的風險，同時分析氣候行動的優先性，予決策者及國際談判之用[5]。

其中對於《氣候公約》發展至關重要的是 IPCC 於 1990 年發布第 1 次的評估報告（Assessment Report, AR-1）。該報告與當年舉辦之第 2 屆「全球氣候大會」（WCC-2）共同呼籲，國際社會應該通過一個全球性針對氣候變遷議題之國際條約，故「聯合國大會」（General Assembly）便開始啟動有關氣候變遷之綱要性法律公約（Framework Convention）的談判進程[6]。約莫 2 年後，於 1992 年 6 月 5 日《氣候公約》在巴西里約的「地球高峰會」（Earth Summit）上正式討論通過，並開放各國簽署。1994 年 3 月 21 日，在 166 個締約方的簽署下，

---

[4] UN General Assembly, Resolution adopted on the reports of the second committee, Document A/RES/43/53（UNGA43-53）, 1998, available at < https://www.un.org/ga/search/viewm_doc.asp?symbol=A/RES/43/53 >（accessed 10 April 2021）

[5] IPCC, About IPCC, at < https://www.ipcc.ch/about/ >（accessed 10 April 2021）

[6] UNFCCC, History of the Convention, Process and meetings, available at < https://unfccc.int/process/the-convention/history-of-the-convention >（accessed 10 April 2021）

《氣候公約》正式生效[7]。

　　然而，於《氣候公約》生效之初，有關氣候變遷源自人類行為的因果關係仍有極高爭議，當時 IPCC 尚未提供充足的科學證據來說服各國確信氣候變遷與人為因素之間的高度關聯，因此在《氣候公約》初期，公約首先沿用《蒙特婁破壞臭氧層物質管制議定書》（Montreal Protocol on Substance that Deplete the Ozone Layer，簡稱《蒙特婁議定書》）的概念及精神，要求締約方為了人類安全上的利益採取行動，即便面對科學上的不確定性亦然[8]，從《氣候公約》前言可以觀察出此安排的歷史脈絡：

　　　　各締約方認知到地球的氣候變遷及其不利影響是人類共同關心的問題。考量到人類活動造成大氣中溫室氣體濃度大幅增加，從而增強自然溫室效應，並將引起地球表面和大氣進一步增溫，甚至可能對自然生態系統和人類產生不利影響，故各締約方將採取行動以避免溫室氣體的增加，進而使生態系統不會因此而受到影響。

　　此概念同時也接續到《氣候公約》第 2 條中所揭示之最終目標：

　　　　將大氣中溫室氣體的濃度穩定在防止氣候系統受到危險的人為干擾的水準上，且此一水準應在足以容許生態系統自然調適氣候變遷、確保糧食生產免受威脅、並使經濟得以發展的永續方式之時間範圍內達成。

　　另一方面，在《氣候公約》談判過程中，爭議之關鍵一直以來都是各國溫室氣體減量責任承擔之問題。此爭議肇因於全球溫室氣體排放量約百分之八十源自於已開發國家，但開發中國家及易受氣候變遷影響之低度開發國家，長期

---

[7] UNFCCC, Status of Ratification of the Convention, available at < https://unfccc.int/process-and-meetings/the-convention/status-of-ratification/status-of-ratification-of-the-convention >（accessed 11 May 2021）

[8] UNFCCC, Climate Get Big Picture, available at < http://bigpicture.unfccc.int/ > （accessed 10 April 2021）

在國際關係上被視為最弱小的國家，卻承受最大的氣候變遷衝擊，而蒙受重大損害[9]。因此，為了緩解開發中及已開發兩大國家集團的南北對立並合理分配資源，《氣候公約》發展出的「共同但有區分的責任」原則[10]（Common but Differentiated Responsibilities），要求各國以不同程度的責任承擔，共同推動人類對抗氣候變遷的行動。具體而言，溫室氣候排放的最大部分是源於已開發國家的歷史排放，《氣候公約》除了要求已開發國家在氣候議題上應率先進行相關行動以外，這些造成現有溫室氣體排放過多的已開發國家或稱工業化國家（Industrialized countries），也被期待採取最多的行動以削減排放量，也就是《氣候公約》附件中之所以明確表列已開發國家為「附件一國家」（Annex I countries）及「附件二國家」（Annex II countries）的原因。至於未表列之開發中國家，則被簡稱為「非附件一國家」（Non-Annex I countries）。

　　「附件一國家」之締約方，包括在 1992 年曾為 OECD 會員國的工業化國家以及數個經濟轉型國家。這些締約方被要求在 2000 年將溫室氣體排放量降低到 1990 年的水準，而「附件二國家」之締約方，則是由不包括經濟轉型國家在內的 OECD 會員國所組成，這些締約方被要求提供資金以幫助開發中國家依公約完成排放減量的行動、幫助開發中國家調適氣候變遷造成的影響，並被要求「應採取一切實際可行的步驟」，以促進經濟轉型和開發中國家有關環境無害技術（Environmentally Friendly technologies）的開發和移轉；至於「非附件一國家」締約方多數由開發中國家所組成，其中部分開發中國家所組成的特定群體被《氣候公約》認定是在氣候變遷影響上最脆弱的國家，包括有較低海岸線的國家、以及受沙漠化和乾旱影響最劇烈的國家[11]。

　　除了上述的 2000 年之目標以及資金之提供外，「附件一國家」締約方尚須

9　William C. G. Burns and Hari M. Osofsy, 'Overviewed: The Exigencies that Drive Potential Causes of Action for Climate Change', *Adjudication Climate Change: Sate, National and International Approach*, 2009, p.7

10　United Nations Framework Convention on Climate Change （UNFCCC）, S. Treaty Doc No. 102-38, 1771 U.N.T.S. 107, May 1992, article 3-4

11　UNFCCC, Parties & Observers, available at < https://unfccc.int/parties-observers > （accessed 11 May 2021）

定期就本國的氣候變遷政策提出報告，並自 1990 年起每年提交溫室氣體排放之「國家溫室氣體排放清冊」（National Greenhouse Gas Inventories）；而「非附件一國家」締約方則可以針對他們在對應氣候變遷和影響調適上的行動依一般的格式提出報告，其期限並較「附件一國家」締約方為寬鬆。此外，《氣候公約》也認知到財務援助及兼顧經濟發展之重要性，針對「非附件一國家」締約方的報告是否能如期完成，需取決於是否獲得準備該報告的資金，尤其是低度開發國家。同時在理解和對應氣候變遷的優先順序上，依據《氣候公約》的前言，各締約方已認知：

> 只有在該步驟是基於相關科學、技術和經濟上的考量、並持續對這些領域的新發現重新評估的情況下，採取該步驟才能達到環境上、社會上和經濟上最有效的成果。

也就是說，根據《氣候公約》，對於經濟發展弱勢的國家而言，迅速的發展經濟民生仍至關重要，即便沒有氣候變遷的影響，原有經濟上的發展仍具許多挑戰。因此，考量到開發中國家必須持續進行經濟發展的情況，《氣候公約》認知到開發中國家的溫室氣體排放仍會隨著經濟發展持續增加，但為了達成最終目標，應幫助開發中國家透過不同的方式限制其排放量，同時又不阻礙這些國家在經濟上的進展。《氣候公約》將此雙贏局面的精神，具體體現於之後的《京都議定書》規範中[12]。

截至目前止，《氣候公約》已有 197 個締約方，其中包括 196 個國家和 1 個區域經濟整合組織（歐盟）。我國官方因政治因素尚無法加入《氣候公約》成為締約方，目前由「工業技術研究院」等非政府組織（NGO）以觀察員（NGO observer）名義參與《氣候公約》及相關後續機制及協定等相關活動。

---

[12] UNFCCC, what is the United Nations Framework Convention on Climate Change: First steps to a safer future: the Convention in summary, available at < https://unfccc.int/process-and-meetings/the-convention/what-is-the-united-nations-framework-convention-on-climate-change > （accessed 11 May 2021）

【參考文獻及延伸閱讀】

➢ Depledge, J., 'The Road Less Travelled: Difficulties in Moving Between Annexes in the Climate Change Regime', *Climate Policy*, 9/3 2009, p.273.

➢ Freestone, D., 'The United Nations Framework Convention on Climate Change: The Basis for the Cliamte Change Regime', *The Oxford Handbook of International Clamate Change Law*, Oxford University Press, 2016, p.97.

➢ Rajamani, L., 'The United Nations Framework Convention on Climate Change: A Framework Approach to Climate Change', *Elgar Encyclopedia of Environmental Law vol 1: Climate Change Law*, Cheltenhanm UK: Edward Elgar, 2016, p. 205.

➢ Burns, W. and Hari Osofsy, 'Overviewed: The Exigencies that Drive Potential Causes of Action for Climate Change', *Adjudication Climate Change: Sate, National and International Approach*, 2009, p.7

1.2 《京都議定書》與《京都議定書之多哈修正案》

1.2.1《京都議定書》

由於 1994 年生效的《氣候公約》被視為一個綱要性的規定，多數條文僅呼籲締約方通過相關國家政策並主動進行減緩和提出定期報告，其中並無要求已開發國家必須承擔展開各項氣候行動之法律義務。因此，《京都議定書》（Kyoto Protocol）之首要目標，即須更進一步採取更具強制性的法律方法，透過具有拘束力之條文，要求已開發國家遵守具體排放減量目標，並盡速採取氣候行動。經過各國積極地進行協商，《京都議定書》於 1997 年 12 月 11 日通過，並在

2005 年 2 月 16 日正式生效，成功以國際條約規範已開發國家或工業國家，對溫室氣體之排放進行限制，同時要求各國提出減量目標，在各國簽署同意條文規定的基礎下落實《氣候公約》之精神。

　　《京都議定書》的架構立基於《氣候公約》的「共同但有區別責任」與各自能力原則上，繼續以《氣候公約》之附件方式，區分不同國家的發展情況，以法律強制力課予已開發國家應對大氣中高濃度的溫室氣體排放，負起絕大多數的歷史排放責任，也就是被普遍認知的《京都議定書》中的「附件 B 國家（下稱附件 B 國家）」之減量義務。

　　具體而言，《京都議定書》要求各「附件 B 國家」，以 1990 年為基準，在 2008 年至 2012 年（第一承諾期），減少平均 5% 的排放量[13]。也就是說《京都議定書》的「附件 B 國家」和《氣候公約》的「附件一國家」雖然同為規範已開發國家之類別，但兩項國際條法間對於減量義務之規範確有極大差異，《氣候公約》雖要求「附件一國家」締約方必須負擔多種形態的義務，但在關鍵的減少排放承諾之目標（於 2000 年減少排放至 1990 年水準）並不具法律拘束力，而相對「附件 B 國家」則被《京都議定書》課予強制性的減碳義務。

　　為強化各國減量排放的效果及兼顧後續落實的彈性，以利最終各國能夠達成其強制減量目標，《京都議定書》創造了兩個新的概念：第一，是藉由已開發國家具拘束力之排放減量承諾，限制溫室氣體排放的總量空間，透過以價制量的方式，讓溫室氣體成為新的金融商品，將原本難以定價的外部性內部化；第二，建立彈性的「市場機制」（market-based mechanisms），意即締約方不但可透過國內減緩行動來達到其所承諾的減緩目標，亦可透過跨國間的額度交換與有償交易加速減量行動的效率。《京都議定書》建立了「國際排放交易」（Ineternational Emissions Trading; IET）、「清潔發展機制」（Clean Development Mechanism; CDM）及「共同履行」（Joint Implementation; JI）等三個市場機制來達成減量目標，並彌補開發中國家或資金及技術匱乏國家難以推動減量計畫

---

[13] UNFCCC, Climate Get Big Picture, available at < http://bigpicture.unfccc.int/ > （accessed 10 April 2021）

者，更有效率的促進溫室氣體的削減。

　　簡而言之，三個「市場機制」中，「清潔發展機制」（CDM）係由已開發國家（計畫主持國）協助開發中國家（地主國）進行《氣候公約》認可方法學下的溫室氣體減量專案。相關減量成果可經 CDM 執委會 （CDM Executive Board; CDM EB） 審查核發後，計算入已開發國家締約方的溫室氣體減量額度中（即認證減量額度，CER）；地主國也能取得部分額度或帶動在地低碳產業發展，達成雙贏的結果。此舉不但可鼓勵已開發國家對開發中國家進行綠色投資，淘汰較老舊且較不具效率的傳統技術，轉為投資使用較新穎、較清潔的基礎設施和系統，促使私部門共同努力減少溫室氣體的排放。而「共同履行」（JI）則主要由已開發國家對中歐、東歐納入附件一減排義務之國家所推動的雙邊減量計畫，所執行之計畫減量成果亦透過 JI 監督委員會(JI Supervisory Committee；JISC))進行審議後轉移減量額度至計畫開發國。而「國際排放交易」（IET）則是透過國家間彼此交易各式經認證後的減排額度，藉由市場定價的方式創造國家間供給者與需求者間的碳資產流動。（註：此處 IET 不包含自願減量的跨國額度交易，市場機制之相關詳細介紹請見「減緩」章節下的「市場機制」。）

　　基於《京都議定書》所建立減量義務及市場機制，需要進行嚴格的監管及強化其機制之透明性（Transparency），以確保其減量成效之公平與公正性。因此，為了確保《京都議定書》下各項承諾的履行及各項機制的運作透明，2001年《氣候公約》第 7 次締約方大會（COP7）中，《馬拉喀什協議》（Marrakesh Accords）決議通過《京都議定書》之「規則書」（rulebook）。規則書中最重要的條文之一包含成立《京都議定書》之「遵約委員會」（Compliance Committee）。

　　「遵約委員會」又可分為「促進分會」（Facilitative Branch）和「執行分會」（Enforcement Branch），其中「促進分會」向締約方提供建議和協助，並向已經處於即將違約狀況的締約方提出早期警告，而「強化分會」則可對沒有達成承諾的締約方課予一定的後果（certain consequences）[14]，以確保各國能夠在不

---

[14] UNFCCC, Kyoto Protocol-Targets for the first commitment period, available at < http://unfccc.int/kyoto_protocol/items/2830.php >（accessed 10 April 2021）

違反機制的規則下，落實減量義務。

除了落實監管及遵約外，為了進一步強化機制運作之透明度（Transparency），以確保新型態的市場機制能夠運作正常，《京都議定書》要求締約方需要保存其「國家註冊記錄」（National Registry），以利記錄和後續追蹤在市場機制下的交易。當每一筆交易完成後，秘書處會保存獨立的交易記錄（Independent Transaction Log），以後續查驗每筆交易確實遵守《京都議定書》下的規定。同時，按照《京都議定書》的規定，「附件一國家」每年應提交年度排放清冊（Annual Emission Inventory）並定期繳交國家通訊（National Communication），這二項提交文件，皆會由專家審查小組進行深入審查，嗣後由秘書處出版締約方排放量和交易狀況的年度彙編和核算報告，以確保這些記錄的透明度及準確性[15]。

1.2.2 後京都時期與《京都議定書之多哈修正案》

《京都議定書》雖明定分階段承諾期（commitment periods）之溫室氣體減量強制目標，並以前述「國際排放交易（IT）」、「清潔發展機制（CDM）」、「聯合履行（JI）」等三個市場機制（又稱「京都機制」（Kyoto Mechanisms））來確保各國減量之彈性以及成效。然而，由於《京都議定書》第一承諾期只涵蓋 2008 至 2012 年的五年期間，所規範之總體排放量僅達全世界之百分之 24，且《京都議定書》第一承諾期開始執行後，勢必將進行第二期承諾期的調整，以確保至 2020 年減量成效。

在全球積極展開氣候行動之際，如何兼顧經濟產業發展，各國所面臨的挑戰仍十分嚴峻，尤其對於開發中國家更是十分迫切，《京都議定書》所採「由上而下」（Top-down Approach）約束各締約方強制減量，但其規範成效顯然有許多進步空間，如美國自始即未曾加入《京都議定書》，讓已開發國家之帶領全球減量的拼圖自始便缺了一大塊，故如何兼顧減量義務與已開發國家與開發

---

[15] UNFCCC, Background: what is the Kyoto Protocol, available at < http://unfccc.int/kyoto_protocol/background/items/2878.php > （accessed 10 April 2021）

中國家間的衡平於後續談判中更顯重要。自《京都議定書》生效後，氣候行動的協商開始走向雙軌談判。第一軌是在《京都議定書》架構下會員間就第二承諾期的談判，持續落實「共同但有區別責任」與各自能力之減量行動，強化已開發國家之減量承諾。第二軌則是在《氣候公約》既有的架構下，為已開發國家及開發中國家協商未來氣候行動長期合作機制[16]。此一《京都議定書》、《氣候公約》雙軌談判的方式，是為了讓未加入《京都議定書》但加入《氣候公約》之會員國，仍能繼續參與談話並就氣候變遷議題付出心力。自此進入後京都（post-Kyoto）時期的談判工作。

　　承上所述，《京都議定書》第二承諾期於 2012 年底在卡達多哈所召開之《氣候公約》第 18 屆締約方大會（COP18）會議上取得重要成果。各締約方依《京都議定書》第 20 條及第 21 條，通過《京都議定書》第二承諾期之《京都議定書之多哈修正案》（Doha Amendment to the Kyoto Protocol；以下簡稱《多哈修正案》），進一步要求以 1990 年為基準，在 2013 年至 2020 年的 8 年間，應減少平均 18%的溫室氣體排放量[17]，同時亦修正了第二承諾期締約方所提報告中溫室氣體的範圍，並修正部分《京都議定書》應在第二承諾期更新的條文[18]。

　　總體而言，第一軌的《京都議定書》第二承諾期談判，一直被視為已開發國家換取開發中國家繼續進行長期合作談判之籌碼。然而，在第一軌談判完成後，加拿大表達不願簽署《多哈修正案》，緊接著日本及俄國也不願意接受第二承諾期的減量目標，使該修正案所規範之排放量更下降到占全球僅百分之12。同時，根據《京都議定書》第 20 條和第 21 條，《多哈修正案》必須達四分之三締約方（144 個締約方）簽署批准後始能生效，但自 2012 年至 2017 年

---

[16] Laurence Boisson de Chazournes, 'Kyoto Protocol to the United Nations Framework Convention on Climate Change', at ＜https://legal.un.org/avl/ha/kpccc/kpccc.html＞（accessed 10 April 2021）

[17] UNFCCC, Background: The Doha Amendment, available at ＜https://unfccc.int/process/the-kyoto-protocol/the-doha-amendment＞（accessed 11 May 2021）

[18] UNFCCC, Kyoto Protocol-Targets for the first commitment period, available at ＜http://unfccc.int/kyoto_protocol/items/2830.php＞（accessed 10 April 2021）

多達 5 年期間，批准《多哈修正案》的國家僅有 95 個，也直接導致 2012 年之後並無任何有效規範減量目標之規定，也使各締約方在第二軌之長期合作目標的談判過程中蒙上一層陰影。

所幸在 2017 年的《氣候公約》第 23 屆締約方大會（COP23）上出現些許轉折，歐盟率先表示其成員國計畫將於 2017 年底交存《多哈修正案》的批準書，其中法國、義大利在內的幾個締約方已將《多哈修正案》的承諾納入本國法中，形成各國在《多哈修正案》生效前，即依據國內法有履行承諾之義務[19]，從而使各國對於《多哈修正案》生效持正面態度。

《氣候公約》秘書處在 2020 年 10 月 2 日宣布牙買加和奈及利亞兩國已完成批准《多哈修正案》，正式突破 144 國的生效門檻，確立《京都議定書》第二承諾期將在 90 天後生效[20]，機制內之核算可以按預期進行，並且使「遵約委員會」可能夠繼續履行其職能，持續將強制減量目標推展至 2020 年，避免在各國新的減量目標產生，出現減量目標的空隙，同時亦正式結束了後京都的第一軌談判。

---

[19] UN, UN Treaty Collection, Capter XXVII, 7. c Doha Amendment to the Kyoto Protocol, at < https://treaties.un.org/Pages/ViewDetails.aspx?src=TREATY&mtdsg_no=XXVII-7-c&chapter=27&clang=_en > （accessed 10 April 2021）

[20] UNFCCC, News and Media, Ratification of Multilateral Climate Agreement Gives Boost to Delivering Agreed Climate Pledges and to Tackling Climate Change, available at < https://unfccc.int/news/ratification-of-multilateral-climate-agreement-gives-boost-to-delivering-agreed-climate-pledges-and > （accessed 10 April 2021）

【參考文獻及延伸閱讀】

➢ Bunnée, J., Doelle M. and Rajamani L. （eds）, *Promoting Compliance in an Evolving Climate change Regime*, Cambridge University Press, 2012.

➢ Jacur, F.R., 'The Kyoto Protocol's Compliance Mechanism', *Elgar Encyclopedia of Environmental Law vol 1: Climate Change Law*, Cheltenhanm UK: Edward Elgar, 2016, p. 239.

➢ Oberthür, S., 'Compliance under the Evolving Climate Change Regime', *The Oxford Handbook of International Clamate Change Law*, Oxford University Press, 2016, p.120.

➢ Yamin, F. and Depledge J., *The International Climate Change Regime: A Guide to Rules, Institutions and Procedures*, Cambridge University Press, 2004.

1.3 從「國家適當減緩行動」經「利馬氣候行動呼籲」到「國家自定預期貢獻」

　　在 2007 年《氣候公約》第 13 屆締約方大會（COP13）會議中，針對溫室氣體的全球減緩行動，各締約方在印尼簽署了「峇里島行動計畫」（Bali Action Plan），同意開發中國家將在永續發展的背景下採取「國家適當減緩行動」（Nationally Appropriate Mitigation Actions, NAMAs）。

　　「國家適當減緩行動」係指任何在開發中國家減少排放溫室氣體的行動，可以是針對經濟部門轉型的政策，或是吸引更多國內注意的跨部門行動，係《氣候公約》首次針對減緩行動，提出全面性的減緩架構及目標，可謂嗣後陸續建立之「國家自定預期貢獻」（Intended Nationally Determined Contributions, INDCs）

及 NDC 的發展雛形。「國家適當減緩行動」一方面採用自願方式，開放給各國提交其減量目標，同時確立開發中國家將有來自已開發國家之技術、資金、以及能力建構方面的支援，以於 2020 年共同達成低於以「現況發展趨勢推估情境」（Business-as-usual, BAU）為基準之減量目標。約將近 60 個國家以及「非洲集團」提出其「國家適當減緩行動」之目標[21]。

在 2014 年的《氣候公約》第 20 屆締約方大會（COP20）上，則進一步通過「利馬氣候行動呼籲」（Lima call for Climate Action），申明在隔年（2015 年）的《氣候公約》第 21 屆締約方大會（COP21）上，將通過在《氣候公約》下適用於所有締約方的議定書、或某種具法律拘束力的議定結果，以處理減緩、調適、資金、技術開發和技術移轉、能力建設以及援助之透明度方面的問題（即後來的《巴黎協定》）。更重要的是，在 COP20 上，呼籲各國在「國家適當減緩行動」的基礎及精神上，積極準備 2020 年後之「國家自定預期貢獻」（INDC）之相關規劃，並於 2015 年將在巴黎召開之《氣候公約》第 21 屆締約方大會（COP21）前提出報告[22]。值得慶幸的是：至 COP21 召開時，全球計有 128 個締約方及歐盟提交 129 份 INDC，總計的排放量約佔全球溫室氣體排放量 90%，確立了全球氣候行動的新發展方向，逐步朝向全球協力的方式進行，為人類減緩行動的全球合作推展注入一劑強心針。

我國雖未受《氣候公約》要求繳交 INDC，但做為身為世界公民的一員，行政院環保署於 2015 年 9 月在 COP21 大會召開前，亦主動提出「國家自定預期貢獻」書，設定我國於 2030 年溫室氣體排放量依「現況發展趨勢推估情境」（BAU）減量 50%，並配合我國「溫室氣體減量及管理法」於同年 7 月頒布施行。[23]

---

[21] UNFCCC, UNFCCC Topics, Background: Nationally Appropriate Mitigation Actions （NAMAs）, available at ＜ http://unfccc.int/focus/mitigation/items/7172.php ＞ （accessed 10 April 2021）

[22] Lima Call for Climate Action, Decision 1/CP.20, FCCC/CP/2014/10/Add.1, February 2015, available at ＜ http://unfccc.int/resource/docs/2014/cop20/eng/10a01.pdf#page=2 ＞ （accessed 10 April 2021）

[23] 中華民國行政院環境保護署，新聞專區，與全球溫室氣體減量同步：我國發布「國家自定預期貢獻」目標，請參見：https://enews.epa.gov.tw/Page/3B3C62C78849F32F/f328b652-4540-4a24-94fb-21eb17845f43 （最後瀏覽日 10 April 2021）

【參考文獻及延伸閱讀】

➢ Rajamani, L., 'From Berlin to Bali and Beyond: Killing Kyoto Softly', International and Comparative Law Quarterly, 57/4, 2008, p.909.

➢ Boyle, A. and Navraj S., 'Climate Change and International Law beyond the UNFCCC', The Oxford Handbook of International Clamate Change Law, Oxford University Press, 2016, p.27.

➢ Bodansky, D., and Lavanya R., International Climate Change Law, Oxford Press, 2019

1.4 《巴黎協定》

本節僅針對《巴黎協定》成立背景及基本原則做簡要性說明，針對各項協定所建構出之相關機制、逐條釋義及相關最新發展將留於第伍章分別討論，此先說明。

在 2015 年 12 月 12 日《氣候公約》第 21 屆締約方大會（COP21）中，各締約方達成了劃時代的《巴黎協定」（Paris agreement），強化人類社會走向永續低碳未來所需的必要行動，同時亦大幅提升世界性的綠色投資動能。惟《巴黎協定》在協商的過程中卻不是一直如此順利。首先，自談判之始《巴黎協定》是否須符合《維也納條約法公約》（Vienna Convention on the Law of Treaties, VCLT）之規定[24]，使其具有法律拘束力（Legal Bindingness），一直以來皆是談判核心重點。除了歐美國家普遍支持建立一個全球具法律拘束力之協定以外，小島嶼國家聯盟（AOSIS）為首之受到氣候變遷嚴重損害國家，亦長期反對《氣候公約》締約方大會僅以決議（decision）之軟性法制（Soft Law）的形式通過

---

[24] Vienna Convention on the Law of Treaties （VCLT）, Treaty Series, vol. 1155, May 1969, article 2.1 （a）

《巴黎協定》所包含的相關機制。然而，中國、印度及巴西等開發中大國在談判過程中，卻不斷表示一個不再區分已開發及開發中國家，且具有法律拘束力之普世性氣候協議，將會對開發中國家之經濟發展十分不利，使《巴黎協定》談判陷入困局[25]。

　　為了化解《巴黎協定》南北談判僵局，促使國際社會建立有史以來第一個不區分開發中國家及已開發國家的合作架構，已開發國家的政治決心以及對於開發中國家未來援助資源投入的承諾至關重要。最終《巴黎協定》採取以各國主動提交 NDC 承諾之「自主區分」（Self-differentiation）原則，大大削減了在「共同且有區分的責任」原則上環繞的歷史責任區分爭議，同時藉由已開發國家承諾強化對開發中國家行動上的各項援助，亦大幅減緩了形成具法律拘束力對於開發中國家主權及經濟發展的衝擊。《巴黎協定》建立在各國經長時間協商之合意基礎上，可說是為人類對抗氣候變遷繪製了一條嶄新的路線[26]。因此，《巴黎協定》於 COP21 正式通過的一年後，在 2016 年《氣候公約》第 22 屆締約方大會（COP22）上業已快速的達到所規定的生效門檻，批準《巴黎協定》的締約方已有 171 國[27]。

　　除了成功處理《巴黎協定》法律拘束力之爭議以外，《巴黎協定》整體的架構設計應該要遵循《京都議定書》之「從上而下」（top-down）的模式，抑或是自 2009 年後《氣候公約》所採取的「由下而上」（bottom-up）的協商模式，亦不斷被反覆討論。根據《巴黎協定》之規定，其溫室氣體減量之中心目標，是藉由讓全球平均氣溫控制在相當低於工業化前水準攝氏 2 度以內、並努力將氣溫升幅限制在低於工業化前水準攝氏 1.5 度之內，透過「強化透明度架構」及「全球盤點」從而強化全球對氣候變遷威脅的回應，其中包括強化各國對應氣候變遷影響的能力。此乃明顯仍採取「從上而下」訂定目標與盤點及檢視之

---

[25] Daniel Bodansky, Jutta B. and Lavanya R., *International Climate Change Law*, Oxford Press, 2019, p.212

[26] UNFCCC, 'How does the Paris Agreement work?', Background: the Paris Agreement, available at < http://unfccc.int/paris_agreement/items/9485.php > （accessed 10 April 2021）

[27] UNFCCC, 'What is the Paris Agreement?', Background: the Paris Agreement, available at < http://unfccc.int/paris_agreement/items/9485.php > （accessed 10 April 2021）

方式，目的係為了讓各國能夠採取更有企圖心的承諾來進行減量。但《巴黎協定》除了「從上而下」的方法以外，隨著後京都時代之氣候行動的協商進程，越來越多締約方支持以「由下而上」的模式設計《巴黎協定》之運作架構及相關機制，最終在 2013 年《氣候公約》華沙會議，締約方大會決議以各國自願提出之 INDC 為行動基礎，確立了「由下而上」的模式具體承諾自身國家的氣候行動與目標，成為日後《巴黎協定》NDC 之主要原則。

另外在談判《巴黎協定》所欲涵蓋的範圍時，各締約方於 2011 年《氣候公約》第 17 屆締約方大會（COP17）的《德班平台》（Durban Platform）決議中，業已決定日後《巴黎協定》應包含「減緩」、「調適」、「財務」、「技術發展及轉移」、「透明度」、「支援及能力建構」等項目[28]。然而，最終協定所涵蓋之範圍始終是兩大陣營激烈辯論之癥結點，已開發國家希望能夠提升「減緩」、「透明度」之重要性，及新增「市場與非市場機制」（market instruments and non-market approaches）原則；開發中國家卻要求協定重視有迫切性需求的「調適」、「財務」及「技術發展及轉移」等，才是協定的重點項目。最終範圍係由《巴黎協定》第 3 條總結了漫長的談判意見，並以各國提交 NDC 應包含之內容作為最後內涵，將上述提及之概念以各種不同型式加以保留外，另加入了「損失及損害」等概念。

由於《巴黎協定》所設之整體目標及涵蓋項目相當廣泛，許多項目需靠國際合作才能順利達成，故各國認知到惟有考量國情及能力後，以更透明之運作機制如實提交 NDC，才能使已開發國家綠色資金流、新的技術架構以及能力建構盡速到位，迅速支援開發中國家和最脆弱國家的各項減緩行動。《巴黎協定》除要求各國提出 NDC 外，亦定期要求各國針對排放和履約情況提出更新報告，2018 年各締約方即提出有關《巴黎協定》目標的相關進展，並提出準備 NDC 之各項報告。因此，整個《巴黎協定》之核心運作，很明顯地係建立於所有締

28　UNFCCC, 'Establishment of an Ad Hoc Working Group on the Durban Platform for Enhanced Action（ Durban Platform ）', Decision 1/CP.17, FCCC/CP/2011/9/Add.1, available at < https://unfccc.int/resource/docs/2011/cop17/eng/09a01.pdf >, para 5 （accessed 10 April 2021）

約方所提出之 NDC，以此模式使各國自願承諾用更具企圖心的方式進行減緩溫室氣體排放，並於目標設定之未來數年內，不斷強化各自的氣候行動。

　　此外，在《巴黎協定》的架構下，每 5 年就會進行一次「全球盤點」（Global Stocktake），以評估各締約方在達成《巴黎協定》目標上之共同進展，並讓各締約方提出更多獨立的行動，第一次的全球盤點將於 2023 年啟動。根據決議文 1/CP.21，各締約方已討論出一份「工作計畫」（Work Programme），以對《巴黎協定》的完全履行進行準備，該工作計畫的進行程度並會被定期追蹤。在 2017 年 10 月，記錄各國 NDC 的臨時公共登記簿（interim public registry）已完成，更新 2016 年完成之 INDC 綜合報告，就工作計畫的其他部分，持續推動進行[29]。依照《巴黎協定》要求，各締約方應檢視過去數年 NDC 的執行狀況，於 2020 年底遞交第一版更新或第二版的 NDC，並尋求進一步提交減量企圖心。有關各國 2020 年後更新 NDC 之最新發展，在 2021 年 2 月在《氣候公約》秘書處（Secretariat）依據決議文 1/CP.21 所公告的 NDC 綜合報告初版（Initial version, NDC Synthesis Report）中[30]，預計將於 2021 年底《氣候公約》第 26 屆締約方大會（COP26）發表最終版本，截至目前僅有 48 份更新版 NDC 正式繳交至秘書處，涵蓋共 75 個締約方以及全球 30%的排放量。

---

[29] UNFCCC, Progress tracke, Work programme resulting from the relevant requests contained in decision1/CP.21, Secretariat publication, available at < http://unfccc.int/files/paris_agreement/application/pdf/pa_progress_tracker_200617.pdf > （accessed 10 April 2021）

[30] UNFCCC, NDC Synthesis Report, 21 Feb, 2021, available at < https://unfccc.int/process-and-meetings/the-paris-agreement/nationally-determined-contributions-ndcs/nationally-determined-contributions-ndcs/ndc-synthesis-report#eq-9 > （accessed 10 April 2021）

【參考文獻及延伸閱讀】

➢　Bodansky D., 'The Paris Climate Agreement: New Hope?', *American Journal of International Law*, 110/2, 2016, p.288

➢　Klein, D., Maria Pia Carazo and Meinhard Doelle （eds）, 'The Paris Climate Agreement: Analysis and Commentary, Oxford University, 2017

➢　Rajamani L., 'The 2015 Paris Agreement: Interplay Between Hard, Soft and Non-Obligation', *Journal of Environmental Law*, 28/2, 2016, p.337

➢　Jutta B., Bodansky, D. and Lavanya R., International Climate Change Law, Oxford Press, 2019

第二章　《氣候公約》相關重點機構簡介

2.1 重要機構

2.1.1《氣候公約》締約方大會

自《氣候公約》於 1995 年生效後，除各締約方因特殊原因決議（如 2020 年因為新冠肺炎疫情的影響，推遲第 26 屆締約方大會至 2021 年舉辦），原則上每年年底，約 11 月至 12 月初，皆會召開《氣候公約》締約全體的締約方大會（Conference of Parties, COP；下稱 COP）。

第一屆締約方大會（COP1）於 1995 年在德國波昂舉行，嗣後每年 COP 的召開地點，原則上於擔任 COP 大會主席國國內舉行，僅有少數因主席國國內舉辦國際會議能量不足，則另假 UNFCCC 秘書處所在地德國波昂之現有場地舉行，例如第 23 屆締約方大會係由斐濟擔任主辦國，但於波昂舉辦。而歷年 COP 大會主席國之選任，主要會於五個地區中輪替，分別是：非洲、亞洲、拉丁美洲和加勒比地區、中歐與東西歐，以及其他地區。迄今 COP 會議已舉辦至第 25 屆，目前即將舉辦之第 26 屆締約方大會(COP26)係由英國出任主席國，將於 2021 年年底於英國格拉斯哥(Glasgow)舉行。

COP 係《氣候公約》的最高決議機構，所有的締約方都會派代表出席 COP，審查《氣候公約》的履行狀況，並同時討論相關機制及法律工具，最後於合意基礎上作出決議，促進《氣候公約》的有效履行。具體而言，每年度 COP 最關鍵工作，即是審查各締約方的「國家通訊」（National Communication）、「國家溫室氣體排放清冊」（National Greenhouse Gas Inventory）及各項國家報告（如兩年期更新報告等）。基於上述資訊的彙整 COP 將能知道各締約方所採取的各項方法以及目前所達成的氣候行動為何，綜合評估當前行動是否足以達成《氣

候公約》之最終目標，進而針對各項議題之進展進行討論，以全體合議之方式
強化各項有關機制之合作，協助各締約方展開更具企圖心的行動[31]。

2.1.2《京都議定書》締約方大會（CMP）

雖然《京都議定書》於 1997 年即於 COP 會議中通過，然而遲至 2005 年才
達到生效門檻，於是第一屆《京都議定》書締約方大會（Conference of the Parties
serving as the meeting of the Parties to the Kyoto Protocol, CMP；下稱 CMP）一直
到 2005 年才於加拿大蒙特婁召開。根據《氣候公約》之規定，CMP 每年與 COP
於相同的時段舉行，當 CMP 會議舉行時，非屬《京都議定書》的締約方（例如
美國）亦可用觀察員的身份參加 CMP，但並沒有投票權。

原則上 CMP 之於《京都議定書》，正如 COP 之於《氣候公約》的功能，
即透過所有締約方出席之會議，監督《京都議定書》的執行情形、並透過會議
決議促進《京都議定書》的有效履行[32]。舉例而言，由於《京都議定書》排放單
位的買賣在交易制度的設計上頗為複雜，加上《京都議定書》本文中並沒有細
節的具體規定，故各締約方需要進一步的談判，來決定相關的細節並建立各項
機制，於是各締約方長期透過 CMP 大會針對該項議題進行討論，最後通過了
《京都議定書》規則書（rulebook），即「馬拉喀什協定」（Marrakesh accords）。
該規則書不但規定了《京都議定書》的具體工作期程，同時規範了各國實際排
放量的監測、排放量的報告以及碳排放單位的交易記錄等資訊，使《京都議定
書》後續落實更加透明有效。

此外，CMP 亦透過決議建立各締約方排放單位之銀行帳戶的「登記簿」
（registry）、「核算程序」（accounting procedures）、「國際交易記錄」（international
transactions log）、以及「專家審查小組」（expert review teams）亦因應而生，

---

[31] UNFCCC, Process and Meeting: Bodies, 'Background: Conference of the Parties （COP）', available at ＜ http://unfccc.int/bodies/body/6383.php ＞ （accessed 10 April 2021）

[32] UNFCCC, Process and Meeting: Supreme Bodies, 'More Background on Conference of the Parties serving as the meeting of the Parties to the Kyoto Protocol （CMP）', available at ＜ http://unfccc.int/bodies/body/6397.php ＞ （accessed 10 April 2021）

以確保《京都議定書》的履行[33]。更多細節可參見《京都議定書》及《京都議定書之多哈修正案》等節。

2.1.3《巴黎協定》締約方會議（CMA）

　　自 2015 年《氣候公約》第 21 屆締約方大會（COP21）通過《巴黎協定》後，於 2016 年《氣候公約》第 22 屆締約方大會（COP22）期間，召開了第 1 次的《巴黎協定》締約方會議（Conference of the Parties serving as the meeting of the Parties to the Paris Agreement, CMA；下稱 CMA），即 CMA1，於 2017 年《氣候公約》第 23 屆締約方大會（COP23）進入規則書之制訂召開第 2 階段 CMA1，即 CMA1-2。至 2018 年 COP24 會議期間，完成《巴黎協定》工作計畫下的大部分規則書制訂（即卡托維茲包裹決議）；自 2019 年起則順利進入 CMA2。

　　《巴黎協定》與《京都議定書》同為《氣候公約》架構協定，因此 CMA 之各項安排與《京都議定書》之 CMP 頗為類似，CMA 每年與 COP 在相同的時段舉行，非屬《巴黎協定》之締約方，亦可用觀察員的身份參加 CMA，但並沒有投票權。CMA 係《巴黎協定》之最高決策機構，其功用和 COP 之於《氣候公約》及 CMP 之於《京都議定書》相同，用以監督《巴黎協定》的履約情況，並作出後續決議以促進《巴黎協定》的有效履行[34]。

　　在 2016 年的在 CMA1 會議上主要通過三項決議，首先建立 CMA 的議事規則，要求 COP 繼續依決議文「1/CP.21」監督《巴黎協定》工作計畫的執行，並預定於 2018 年 12 月，於《氣候公約》COP24 和 CMA1-3 上將具體工作計畫的成果提出，以供 CMA 締約方審查。同時，CMA 邀請《氣候公約》締約方繼續監督《巴黎協定》下的「調適通訊」和「公共登記簿」（Public Registry）的推動，並且將《京都議定書》下的「調適基金」（Adaptation Fund），作為落實

---

[33] UNFCCC, Background on KP, available at < https://unfccc.int/kyoto_protocol > （accessed 10 May 2021）

[34] UNFCCC, Process and Meeting: Supreme Bodies, 'More Background on Conference of the Parties serving as the meeting of the Parties to the Paris Agreement （ CMA ） ', at < http://unfccc.int/bodies/body/9968/php/view/documents.php#c > （accessed 10 April 2021）

且適用於《巴黎協定》財務支援的一部分[35]。更多細節可參見《巴黎協定》等節。

2.2 附屬機構

2.2.1 附屬履行機構（SBI）

「附屬履行機構」（Subsidiary Body for Implementation, SBI；下稱 SBI）和「科學技術附屬機構」（Subsidiary Body for Scientific and Technological Advice, SBSTA；下稱 SBSTA）此二組織係依據《氣候公約》第 7 條、第 9 條以及第 10 條而設立，成立後不但成為《氣候公約》下的「常設附屬機構」（Permanent Subsidiary Bodies），同時亦為其後生效之《京都議定書》和《巴黎協定》所用，長期為這三個國際協議之準備和履行提供資訊、建議、評估與審查等支援。

首先，SBI 的主要工作係對《氣候公約》、《京都議定書》和《巴黎協定》等是否有效履行之情況，進行評估和審查，將結果提供《氣候公約》及《京都議定書》和《巴黎協定》之締約方大會（COP、CMP 及 CMA）做為決策參考，同時也提供預算上或行政上的建議。SBI 每年會議的議程設定，主要取決於《氣候公約》、《京都議定書》和《巴黎協定》等在履約方面之六個主要項目，分別是：透明度、減緩、調適、技術、能力建構和資金。除此六項議題之外，SBI 亦會協助處理跨政府會議之舉行及相關行政和預算資金運用之討論。

其次，在 2015 年《巴黎協定》通過後，SBI 亦根據《巴黎協定》之機制內涵逐步擴大其工作範圍，協助建立「國家自定貢獻」和「調適登記簿」（Adaptation Registry）的模式和程序。同時，SBI 亦針對《巴黎協定》技術架構（Technology Framework）項下技術機制（Technology Mechanism）進行定期評估，以規劃 NDC 之時間表等工作，並舉辦《巴黎協定》下「因應措施論壇」（The Response Measures Forum），使《巴黎協定》之後續落實能順利運作。

---

[35] UNFCCC CMA, "Decision on Matters relating to the Implementation of the Paris Agreement', Decision 1/CMA.1, FCCC/PA/CMA/2016/3/Add.1, 2016, available at < http://unfccc.int/resource/docs/2016/cma1/eng/03a01.pdf#page=2 > （accessed 10 April 2021）

　　除了上述主要工作項目外，SBI 特別就調適、資金和技術移轉方面之議題，與《氣候公約》下之「特設機構」（Specialized Bodies），如調適委員會（Adaptation Committee, AC）、資金常務委員會（Standing Committee on Finance, SCF）進行合作，確保其技術機制能夠發揮其最大的功用。這些「特設機構」又被稱為「任命機構」（Constituted Body）。原則上 SBI 不負責該相關議題之決策，僅給於上述機構技術性之支援，並確保相關議題的決策上具有透明度[36]。

　　有關 SBI 會議召開之時間，原則上 SBI 每年會舉辦二次例行會議，其中一次會和《氣候公約》締約方大會（COP）於每年年底於同一地點舉行，另一次則通常於每年中約 5 月份時，在 UNFCCC 秘書處所在地德國波昂舉行，並視需要得以加開會議。

2.2.2 附屬科學與技術諮詢機構 （SBSTA）

　　「附屬科學與技術諮詢機構」 （SBSTA） 與 SBI 相同，亦是依《氣候公約》所建立的常設附屬機構，同時為《京都議定書》和《巴黎協定》所用，提供即時資訊、科學與技術上的建議。SBSTA 主要的工作領域，包括氣候變遷的衝擊、脆弱度之調適、促進環境無害技術的發展和轉型，同時也透過技術指導對《京都議定書》「非附件一國家」締約方的「溫室氣體排放清冊」之準備與審查進行協助。

　　SBSTA 亦依據《氣候公約》、《京都議定書》以及《巴黎協定》，不斷進行方法學之研究工作，促進各國在氣候系統觀測和研究領域上之合作，並長期與 IPCC 有密切的合作關係。此外，SBSTA 的另一個重要功能，係與其他研究氣候變遷等相關議題之專業國際組織及專家進行合作，讓全世界專家所提供之科學資訊，能為《氣候公約》締約方決策所參用。

　　除了各自分別的工作外，SBI 和 SBSTA 亦會共同處理二個機構重合的專業領域事務，其中包括：開發中國家在氣候變遷上的脆弱度和因應方式、技術機

36　　UNFCCC, Bodies, 'Information on SBI and APA', available at < https://unfccc.int/process/bodies/subsidiary-bodies/sbi > （accessed 10 May 2021）

制之相關討論、調適委員會相關議題以及「損失與損害」機制等。

有關於會議召開的時間，原則上與 SBI 有相同安排，SBSTA 每年亦會舉辦二次例行會議，其中一次與歷屆《氣候公約》締約方大會（COP）於同一地點舉行，另一場於年中約 5 月份時，在 UNFCCC 秘書處德國波昂舉行，並得視需要加開會議。

2.2.3 特設工作小組

自從《氣候公約》生效後，為了強化技術發展和技術移轉之合作，設立了「特設工作小組」（ad-hoc working groups）來進行相關工作。按成立時間之先後順序，包含有三個小組分別是「《氣候公約》下長期合作行動特設工作小組」（Ad Hoc Working Group on Long-term Cooperative Action under the Convention, AWG-LCA；下稱 AWG-LCA）、「德班平台強化行動特設工作小組」（Ad Hoc Working Group on the Durban Platform on Enhanced Action, ADP；下稱 ADP）以及「《巴黎協定》特設工作組」（Ad Hoc Working Group on the Paris Agreement, APA；下稱 APA）。

AWG-LCA 於 2007 年《氣候公約》第 13 屆締約方大會（COP13）上設立，透過與各締約方長期合作行動，AWG-LCA 採取整合性的推動程序，協助有效執行《氣候公約》，該小組之重點工作項目以包含「技術開發行動」及「技術轉移行動」兩大行動目標之強化。奠基於 AWG-LCA 的長期耕耘，《氣候公約》平台於 2010 年設立了整合性的技術機制，開放供各締約方使用。

ADP 則於 2011 年《氣候公約》第 19 屆締約方大會（COP19）上建立，用以強化各締約方國家的減緩企圖心，進而確保各個締約方能夠在減緩上盡其最大努力，同時協助在《氣候公約》體系下發展出一套議定書、或法律工具、或具有法效性的各方同意之結論草案，讓各締約方得以遵循而進行氣候行動。ADP 在二個「工作流程小組」（workstream）、「2015 年的協議的工作流程小組」以及「2020 年前目標的工作流程小組」的努力下，於 2015 將相關協議草案和決議草案提交於 COP23 進行討論，對《巴黎協定》的通過與生效有最直接之貢

獻。

　　此外，ADP 亦率先實施了「技術審查流程」（technical examination process, TEP）、並透過技術專家會議（technical expert meetings, TEM）進行技術和經濟的全面性評估，從而讓各個締約方在進行減緩的決策時，能夠了解目前的最佳方法和技術，並進行相關技術的複製和散布[37]，可謂對於催生《巴黎協定》及後續執行皆功不可沒。

　　《巴黎協定》通過後，在 2015 年《氣候公約》第 21 屆締約方大會（COP21）上亦決議設立 APA，其主要工作是對《巴黎協定》的生效進行準備，並籌備《巴黎協定》第 1 次締約方大會（CMA1）。《氣候公約》締約方大會在通過建立 APA 之決議時，特別強調 APA 應積極準備以下與《巴黎協定》相關之事項[38]：

　　有關決議文 1/CP.21 之減緩章節的指導、有關調適通訊的指導、《巴黎協定》透明度框架的程序與指導、全球盤點之相關事務、促進履約與遵約委員會有效運作所需之模式和程序、其他涉及巴黎協定履行之相關事項。

　　正如《京都議定書》的規則書─「馬拉喀什協定」，《巴黎協定》亦需要更具細節操作規則的規則書，以有效執行各條條文之具體內容。故從 2016 年起，APA 和 SBSTA、SBI 以及其他任命機構，在《氣候公約》締約方大會的監督下，開始《巴黎協定》規則書的協商，2018 年《氣候公約》第 24 屆締約方大會（COP24）初步完成《巴黎協定》規則書之議定（即卡托維茲包裹決議），故 APA 特設工作組的工作結束並將未完工作移交 SBSTA 與 SBI 繼續進行協商。後因新冠肺炎疫情爆發，第 26 屆締約方大會順延一年，截至 2020 年底《巴黎協定》仍有包括第六條等關鍵條文之規則書尚未通過，相關爭議及討論請詳後章節。

---

[37] UNFCCC, AD-HOC WORKING GROUPS, Negotiations, Information on climate technology negotiations, available at ＜ http://unfccc.int/ttclear/negotiations/adhoc-groups.html ＞（accessed 10 April 2021）

[38] UNFCCC, 'What is the APA?', Ad Hoc Working Group on the Paris Agreement （APA）, available at ＜ https://unfccc.int/process/bodies/subsidiary-bodies/apa ＞（accessed 10 April 2021）

2.3 科學相關機構

2.3.1 聯合國氣候變化政府間專門委員會（IPCC）

聯合國「氣候變化政府間專門委員會」（Intergovernmental Panel on Climate Change, IPCC；下稱 IPCC），係於 1988 年由「世界氣象組織」及「聯合國環境規劃署」所設立。該組織利用氣候變遷影響的科學資訊與科學評估，提供決策者對氣候變遷具科學基礎的各項評估報告，包含定期評估、氣候變遷影響的評估、未來的風險評估以及氣候變遷減緩和調適行動選項評估等。早在《氣候公約》尚未生效前，IPCC 之任務就已經專注於對氣候變遷之科學知識，提出全面性的審查和建議，並就氣候變遷可能帶來的社經影響及各國可採取之回應策略提出建議，從而協助各國建立全球性的氣候行動架構及公約。當然，隨著《氣候公約》之法律架構越來越趨於全面，IPCC 亦隨著氣候行動的演變不斷修正其工作項目，目前依據 IPCC「主要工作原則」（Principles Governing IPCC Work），IPCC 的工作是[39]：

在全面性、客觀性、公開性和透明性的基礎上，就人類所引發之氣候變遷，所可能帶來的風險、潛在影響、調適與減緩可能所涉之科學、技術、社經資訊進行評估。儘管 IPCC 在客觀的處理科學、技術、社經議題時，可能會涉及特定政策的實行，但 IPCC 之報告應具有政策之中立性。

按照 IPCC 目前運作之架構，其組織建立了三個工作小組和一個特別小組分別是「物理科學基礎小組」又稱「第 1 工作小組」（IPCC Working Group I, WG I；下稱 WG1）、「衝擊、調適和脆弱度小組」又稱「第 2 工作小組」（IPCC Working Group II, WG II；下稱 WG2）、「氣候變遷減緩小組」又稱「第 3 工作小組」（IPCC Working Group III, WG III；下稱 WG3）以及「國家溫室氣體清冊特別小組」（Task Force on National Greenhouse Gas Inventories, TFI；下稱

---

[39] IPCC, History and Reports, available at < https://www.ipcc.ch/about/history/ > （accessed 10 April 2021）

TFI）。

　　WG1 主要負責氣候變遷和氣候系統在物理和科學層面的評估，其中包括大氣中溫室氣體和大氣微粒的變化，對空氣變化、土地和海洋溫度變化、降雨、冰川、冰蓋、海洋、海平面的觀察，以及從歷史角度對氣候變遷的全面性觀察等；WG2 則進一步評估氣候變遷如何影響社會、經濟和生態系；WG３針對溫室氣體排放之限制與避免，以及如何強化自大氣中移除溫室氣體的行動進行研究，透過比較各種方法間之成本評估，提供決策者可能的氣候行動選擇；TFI 的主要工作則是研發並改善具國際認可的方法學與軟體，以計算並報告各國之溫室氣體排放量與溫室氣體移除量，並鼓勵參與 IPCC 的國家與《氣候公約》之締約方都使用其所提出之方法學[40]。

　　截至目前為止，IPCC 已發表五次正式的「氣候變遷評估報告」，分別在 1990 年、1995 年、2001 年、2007 年及 2013 年發表，第五次評估報告已在 2014 年完成，其內容並作為《巴黎協定》中升溫目標的科學基礎，也常被締約方國家在談判中引用。同時，IPCC 目前正在準備第六次評估報告於 2022 年陸續公布，以對應 2023 年的第一次全球盤點及各國檢討 NDC 企圖心時所需的科學證據[41]。

---

[40] IPCC, Structure of the IPCC, available at ＜ https://www.ipcc.ch/about/structure/ ＞（accessed 10 April 2021）

[41] IPCC, 'The Panel and the Plenary Sessions', Structure of the IPCC, available at ＜ https://www.ipcc.ch/about/structure/ ＞（accessed 10 April 2021）

【參考文獻及延伸閱讀】

➢ Weart, S.R., *The Discovery of Global Warming*, Cambridge, MA: Harvard University Press, 2008

➢ Chasek, P. and Wagner L.M. （ed）, *The Roads from Rio: Twenty Years of Multilateral Environmental Negotiations*, New York: RFF Press, 2012

➢ Bodansky, D., 'A Tale of Two Architectures: The Once and Future UN Climate Change Regime', *Arizona State Law Journal*, 43/1, 2011, p.697

➢ Depledge, J., 'The Road Less Travelled: Difficulties in Moving Between Annexes in the Climate Change Regime', *Climate Policy,* 9/3 2009, p.273.

➢ Intergovernmental Panel on Climate Change （IPCC） official website: https://www.ipcc.ch/

➢ UNFCCC website, Process-and-meetings, Bodies, at https://unfccc.int/process-and-meetings#:4137a64e-efea-4bbc-b773-d25d83eb4c34

第三章　後京都機制的重點涵蓋與峇里路線圖

3.1 減緩

　　所謂「減緩」（mitigation），指人類社會透過降低二氧化碳排放、以及強化碳匯和碳庫的方式，來對應氣候變遷。依據 IPCC AR4 報告，全球二氧化碳的排放從前工業化時代開始增加，在 1970 年到 2004 年已經增加了 70%，而依照目前的減緩政策和相關的永續發展作為，在未來的數十年排放量仍然會持續上升。因此，《氣候公約》的重要原則，即不斷呼籲各國按照公約減緩行動之原則，持續推動相關行動[42]：

　　考量各自責任與能力，制定並實施具減緩氣候變遷方式之計畫；促進環境無害技術的開發、適用與散布，並在此部分相互合作；開發中國家締約方可制訂國內政策和方式限制溫室氣體的排放，同時保護並加強國內之碳匯和碳庫；開發中國家履行承諾的程度取決於資金和技術資源的移轉。

　　以下分別針對《氣候公約》所架構出的減緩行動，其中最重要的幾個概念及機制：「市場機制」、「減碳目標」、「國家自訂貢獻」及「減量義務」分別說明：

---

[42] UNFCCC, 'What are Parties doing to mitigate climate change?', Introduction to Mitigation, available at < https://unfccc.int/topics/mitigation/the-big-picture/introduction-to-mitigation > （accessed 10 April 2021）

3.1.1 市場機制

所謂「市場機制」（Market Mechanism），是指利用經濟原理，來強化減緩行動效率的機制。當然除了經濟原理之外，「市場機制」所涵蓋的經濟工具亦有助於引導資金和能力建構之援助，特別是來自《氣候公約》已開發國家締約方所提供予開發中國家締約方之援助。《氣候公約》下的《京都議定書》係首先具體建立「市場機制」的合作平台，包含「清潔發展機制」（CDM）、「共同履行」（JI）、以及「國際排放交易制度」（IET）等三種彈性方式，協助各締約方單獨或共同進行減緩行動[43]。

其中「清潔發展機制」規範於《京都議定書》第 12 條，允許《京都議定書》具有排放上限之締約方，即有減量義務之「附件 B 國家」，若在開發中國家執行減量計畫，可透過該排放減量計畫，取得可交易的「認證減量額度」（Certified Emission Reduction, CER；下稱 CER）。嗣後，可將取得之 CER 計入該國內之減碳總量，使各國更容易達成於《京都議定書》中承諾之減碳目標。此一具有先驅性的機制，是第一個全球性的氣候投資和計算碳排放單位之制度，為全球各締約方提供了第一個標準化之排碳交易額度。透過此一機制，「附件 B 國家」之工業國締約方能夠更有彈性的達到在《京都議定書》中所設定的減碳目標，同時刺激永續發展和更有效率的達成排放減量[44]。

「共同履行」規定於《京都議定書》第 12 條，該措施允許上述有減量目標義務的締約方之間，意即「附件 B 國家」間可共同執行排放減量計畫，進而取得「排放減量單位」（Emission Reduction Units, ERUs；下稱 ERU）。技術輸出國可取得 ERU，並計入該實施國之國內減碳總量，而使其能更有彈性的達成減碳目標，同時透過此一措施，受惠於排放減量計畫的國家，亦可能得到來自國

---

[43] UNFCCC, 'Mitigation', Climate Get the Big Picture, available at < https://unfccc.int/resource/bigpicture/ > （accessed 10 May 2021）

[44] UNFCCC, KP, 'Operating details of the CDM', Mechanisms under the Kyoto Protocol: The Clean Development Mechanism, available at < https://unfccc.int/process-and-meetings/the-kyoto-protocol/mechanisms-under-the-kyoto-protocol/the-clean-development-mechanism > （accessed 10 May 2021）

外的投資和技術轉移，從而達成更有效率的全球減緩成果[45]，主要應用於中歐與東歐國家。

「國際排放交易制度」則規定於《京都議定書》第 17 條。由於《京都議定書》中「附件 B 國家」均承諾會限制其排放總量，這些締約方之排放總量限制，可被轉化成其排放上之分配總額，而排放交易制度允許締約方將分配總額分割成「配額單位」（Assigned Amount Units, AAU），並同意在減量總額大於承諾之排放限額時，能夠將超額的部分透過交易賣給其他「附件 B 國家」締約方。透過此一制度，減量成本較低的「附件 B 國家」締約方，能基於可賣出 AAU 之經濟上的利益而達成更高之減量目標[46]。

此外，為記錄國際之 CER、ERU 以及 AAU 之交易狀況，CDM、JI 和 IET 皆使用具交易記錄之國際交易系統，亦即「國際交易記錄」（international transaction log）。

然而，「市場機制」自成立以來一直以來飽受批評，長期被指責是否已開發國家可以利用「市場機制」來逃避減量承諾（即「洗綠」（Green Washing））。因此，僅管《京都議定書》制定了具有彈性之「市場機制」來協助已開發國家達成承諾，惟依決議文「15/CP.7」進一步限制了「市場機制」僅能作為國內減緩行動之補充，國內之實質減緩行動仍應作為締約方國家達成京都承諾的主要部分。同時，《氣候公約》各締約方仍不斷針對「市場機制」進行架構性的檢討，並進行滾動式的修正。

有鑑於此，除上述之 3 項「京都機制」外，《氣候公約》的談判進展亦持續探討新機制以促進氣候行動之可能性，例如後續的「新市場機制」（New Market-based Mechanism, NMM）及與「市場機制」相輔的「多樣方法架構」（Framework for Various Approaches, FVA）以及「非市場方法」（Non-Market

---

[45] UNFCCC, KP, Mechanisms under the Kyoto Protocol: Joint implementation, available at < http://unfccc.int/kyoto_protocol/mechanisms/joint_implementation/items/1674.php > （accessed 10 April 2021）

[46] UNFCCC, KP, 'Greenhouse gas emissions a new commodity', Mechanisms under the Kyoto Protocol: Emissions Trading, at < https://unfccc.int/process/the-kyoto-protocol/mechanisms/emissions-trading > （accessed 10 April 2021）

Approaches, NMA）。各締約方最終以《巴黎協定》條文為基準，綜合了各項「市場機制」及「非市場方法」的協商，並在第 6 條第 2 項規定了基於自願的「合作方法」（Cooperative Approaches）與「排放交易」，並以「國際間可轉讓減緩成果」（Internationally Transferred Mitigation Outcomes, ITMOs）作為跨國間轉移額度的載體，將「市場機制」引入一個新的架構之中。與此同時，《巴黎協定》亦針對原「清潔發展機制」的專案設計納入人權、永續發展等要素，尋求建立「一項機制」（或可能稱為為「永續發展機制」（Sustainable Development Mechanism, SDM）），以促進減緩並支援永續發展，其初次轉移的額度（暫稱 A6.4ER）經完成轉移後，即可轉為 ITMOs 選擇註銷或進行二次跨國間轉移。而上開的各項減緩活動若不產生額度轉移或是有益調適之活動則可定性為「非市場方法」，雖不涉 ITMOs 的跨國移轉，但仍可凸顯技術的合作與資金的投入 [47]。有關上述《巴黎協定》市場機制及非市場方法之更多討論，請詳後章。

3.1.2 設定減碳目標

《氣候公約》的最終目標是避免由人類的所作所為，直接導致氣候系統之不可回復之損害。為達此目的，科學證據顯示，需迅速展開行動將大氣中的溫室氣體濃度維持在穩定的狀態，故已開發國家應積極領導氣候行動，帶領開發中國家共同為全球之氣候環境帶來實益。

在此一背景下，除了原有強制減量行動外，多數工業國締約方將率先增加定期報告之提交內容，並於年度溫室氣體排放清冊中增加各自在全球目標上的進展，並每二年提交一份報告說明在各自排放目標上之進展，有關年度清冊內容的增加以及每二年一次的報告，由已開發國家帶頭先設定減量目標，可謂 NDC 的前身。

隨時間的演進，不只已開發國家或工業化國家設定減量目標，各締約方認為開發中國家締約方應要同時對於溫室氣體之減量作出貢獻，才能確實的抑制

---

[47] UNFCCC, 'Sustainable development mechanism', Climate Get the Big Picture, at < https://unfccc.int/resource/bigpicture/ > （accessed 10 May 2021）

全球升溫的趨勢，因此開發中國家締約方同意在它們的國家發展目標中加入「國家適當減緩行動」（NAMAs）並設立了登記簿。自此，有意對開發中國家 NAMAs 提出援助的締約方，可將欲提供援助之細節登錄在該登記簿中，讓開發中國家能更快獲得其所需要之支援[48]，也更有意願進行有目標性的減量行動，可謂開發中國家之 NDC 前身。

　　根據 IPCC「1.5°C 特別報告（IPCC SR1.5）」，若要控制全球升溫至攝氏1.5 度，溫室氣體減排必須要在 2030 年時，減少 2010 年排放量之 45%，並於 2050 年達成「淨零碳排」（Net Zero Emission）；若要控制升溫至攝氏 2 度，必須要在 2030 年時，減少 2010 排放量之 25%，並於 2070 年達成「淨零碳排」。然而，於 2021 年 2 月在《氣候公約》秘書處 NDC 綜合報告初版（Initial version, NDC Synthesis Report）[49]中，根據目前締約方所繳交的 NDC，秘書處預測在 2025 年將會在 2010 年基礎上增加 2.2%的排放量；在 2030 年則僅會在 2010 基礎上減少 0.5%，實大幅落後於預期所設定的限制升溫 2 度或 1.5 度之目標。

3.1.3 國家自定貢獻（NDC）

　　在 2013 年的《氣候公約》第 19 屆締約方大會（COP19）上，各締約方同意，開始準備各自之「國家自定預期貢獻」（Intended Nationally Determined Contributions, INDC）以達成《氣候公約》的目標，乃「國家自定貢獻（NDC）之前身。為何會在 2013 年這個時間點要求各締約方提出 INDC，係由於當時各國已預定將於 2015 年完成一份氣候行動之全球協議（即嗣後通過之《巴黎協定》）但為了避免 2015 年時各國無法達成氣候行動合意，INDC 作為備案於 2013 年以不具拘束力之方式，要求各締約方自願提出各自可能進行之氣候行動，以

---

[48] UNFCCC, 'The NAMA Registry', Nationally Appropriate Mitigation Actions （NAMAs）, available at < https://unfccc.int/topics/mitigation/workstreams/nationally-appropriate-mitigation-actions > （accessed 10 April 2021）

[49] UNFCCC, Scope and approach, NDC Synthesis Report, 2020, available at < https://unfccc.int/process-and-meetings/the-paris-agreement/nationally-determined-contributions-ndcs/nationally-determined-contributions-ndcs/ndc-synthesis-report#eq-9 > （accessed 10 April 2021）

便能夠維持後續政治談判的動能。INDC 中的「預期」（Intended），即是指這些未來的規劃只有在《巴黎協定》通過後才可能產生正式效力[50]。

　　所幸 2015 年《氣候公約》第 21 屆締約方大會（COP21）順利通過《巴黎協定》，依據《巴黎協定》決議文「1/CP.21」，當各締約方提交批準文書後，其原本提交之 INDC 也將會正式產生效力，不再只是「預期」進行之氣候行動，從而轉化成為「國家自定貢獻」（NDC）。在 2017 年 12 月，已有 170 個締約方批准《巴黎協定》，並有 164 個締約方已提交 NDC；至 2021 年 4 月則已有 191 個締約批准《巴黎協定》，並有 192 份第一版 NDC（因英國 2020 年完成脫歐程序，所以 2021 年英國新提交一份更新版 NDC），以及 8 份第二版 NDC。

　　NDC 的主要內容是《氣候公約》各締約方必須列出各自於 2020 年後所計畫進行之各項氣候行動，而各國的 NDC 之所以對於對抗氣候變遷具有其重要性，是因為來自各締約方的 NDC 總和之成果統計，將會決定在《氣候公約》及《巴黎協定》中控制升溫攝氏 2 度或 1.5 度的目標是否能被達成。同時，為了選擇最佳可行之科學技術，以採取快速的減量行動，須更正確瞭解大氣中人類所產生之溫室氣體是否已達到峰值。然而就目前各國提交之 NDC 資料顯示，開發中國家需要更長的時間來達到排放之峰值，且排放減量需要在「衡平」（equity）的基礎上進行，也就是開發中國家仍需在發展的優先性考慮永續發展和消彌貧窮兩大要素[51]。

　　此外，《巴黎協定》亦要求締約方國家每五年重新提交一次 NDC，首次重新提交的年份即為 2020 年，期盼各國於每次重新提交之時，能更進一步提高各自在 NDC 中所列目標之企圖心。不同於採用「由上而下」具有法律拘束力進行強制減量的《京都議定書》，《巴黎協定》自協商以來就希望讓各締約方能自願公開其目標與進展，以「由下而上」之方式，讓各締約方自願提出承諾減量

---

[50]　UNFCCC, 'INDCs and NDCs', Climate Get the Big Picture, available at < https://unfccc.int/resource/bigpicture/index.html#content-indcs-and-ndcs >（accessed 10 April 2021）

[51]　UNFCCC, 'Taking stock and informing the preparation of successive NDCs', Nationally Determined Contributions（NDCs）, available at < http://unfccc.int/focus/items/10240.php >（accessed 10 April 2021）

目標，並不斷更新彼此減量進度，以強化「透明度」（transparency）的概念強化合作的概念。藉以創造更多誘因，促使各締約方達成既有目標並提高其氣候行動強度。

2021 年 2 月在《氣候公約》秘書處公開綜合報告初版（Initial version, NDC Synthesis Report）[52]，針對目前 75 國繳交首次更新版 NDC 包含減緩行動、目標及後續落實等項目發表建議。其中最核心有關減緩行動目標年份的設定及具體執行時間，報告正面讚揚所有提交之締約方（all parties），其 NDC 皆有設定至 2030 年的國家減量目標，少數設定至 2025 年或甚至 2050 年，並且多數 NDC 將從 2021 年 1 月份開始執行，僅有少數將從 2020 年開始（然《巴黎協定》期程為 2021 年起至 2030 年底結束）。報告也同時提醒，雖然各 NDC 都有提及「新冠肺炎」的衝擊，但大部分的 NDC 皆缺乏論述肺炎對於氣候行動潛在影響，因此報告中的行動目標恐仍有變數，需等待疫情控制情況更加明朗再行修正。另外，針對排放峰值得預測，該報告認為按照目前提交的情況，應該會落在 2025 年最遲至 2030 年這個時間區段。

3.1.4 共同但有區別的減碳義務

依《氣候公約》對於「附件一國家」和「非附件一國家」之區分，前者多為已開發國家和工業化國家，而後者則多為開發中國家；前者被要求在 2000 年將排放量降低至 1990 年的水準，而後者只需依《氣候公約》第 4 條和第 12 條、透過每三年提交之「國家通訊」，提交他們在執行氣候公約上所採取的方式，此即《氣候公約》「共同但有區別的責任」（common but differentiated responsibilities, CBDR）之主要原則的具體落實。

因工業化國家應就目前大氣中的高溫室氣體濃度負歷史責任，故責無旁貸的應在氣候行動上採取領導性地位，並提供資金與技術予開發中國家以支援他

---

52 UNFCCC, Mitigation targets, NDC Synthesis Report, 2020, available at < https://unfccc.int/process-and-meetings/the-paris-agreement/nationally-determined-contributions-ndcs/nationally-determined-contributions-ndcs/ndc-synthesis-report#eq-9 > （accessed 10 April 2021）

們採取符合《氣候公約》的行動。同樣的,《京都議定書》第 10 條,更將「共同但有區別」的責任明文列出,意即已開發國家必須在國家排放上設定一個上限,而開發中國家則只須聚焦於具體的行動計畫上,並無設定排放上限之義務。

「共同但有區別的責任」亦展現於 2009 及 2010 年的《氣候公約》,締約方大會通過決議,要求已開發國家締約方須提出量化的 2020 年排放目標,但對於開發中國家之責任分擔,僅規定於在其自願且在接受已開發國家的支援下,實施「國家適當減緩行動」。此外,對於批准《多哈修正案》的已開發國家締約方而言,責任分擔更重,《京都議定書》的法律拘束力會在其將《京都議定書》內容內國法化的同時,繼續賦予其減碳的義務,而對於開發中國家締約方而言,不僅沒有強制減量義務,《京都議定書》下已開發國家所進行的清潔發展機制(CDM),一直是開發中國家進行減少排放活動之重要途徑[53]。

隨著氣候狀態日益惡化,世界各國皆努力透過提高其氣候行動,以採取不同之手段進行氣候變遷之減緩行動,不論是在《氣候公約》或《京都議定書》之制度下皆然,然而開發中國家受到氣候變遷影響更劇,也是不爭之事實,因此《氣候公約》提及:「*各締約方應考量開發中國家締約方因此等影響所延生出的特殊需求。*」而《京都議定書》第 2 條第 3 項亦有類似之規定:「*要求各締約方應努力減少對其他締約方在經濟、社會、環境上的不利影響,特別是對開發中國家締約方。*」而《氣候公約》締約方大會於 2010 年所通過之《坎昆協議》(Cancun Agreements)中,更加確立開發中國家之特殊情況,落實《氣候公約》「共同但有區分責任」原則。

《坎昆協議》中已開發國家承諾在減緩、調適、資金、技術轉移、能力建構上對開發中國家提供援助,進而加速開發中國家進行低排放經濟轉型,以邁向永續發展的目標。另一方面,已開發國家承諾投入更多氣候資金,並成立「綠色氣候基金」(Green Climate Fund, GCF),同時建立了「技術執委會」(Technology Executive Committee, TEC)和「氣候技術中心與網絡」(Climate Technology Centre

---

[53] UNFCCC, principle of common but differentiated responsibility and respective capabilities, available at < http://bigpicture.unfccc.int/ > (accessed 10 April 2021)

and Network, CTCN）之技術策略制訂機構與專家網絡，以加強支援調適行動與減緩行動之技術合作，促進環境無害技術之加速移轉，使開發中國家締約方能進行低碳和氣候韌性之發展。此外，針對開發中國家之特殊行動，《氣候公約》也建立了「氣候變遷因應措施執行上所生之影響論壇」（forum on the impact of the implementation of response measures），並持續為後續成立之《京都議定書》及《巴黎協定》所用[54]。

　　由於「共同但有區分的責任」原則已反映在已開發國家之具體實踐及對開發中國家之財務承諾，在 2015 年的《氣候公約》第 21 屆締約方大會（COP21）上，不論是已開發國家或開發中國家，紛紛自願提交本國的 INDC，以回應全球氣候行動的開展。換言之，建立在以「共同但有區分的責任」為基礎的實質的協助下，終於促成不再明確區分已開發及開發中國家，各國分別提出在氣候行動上不同形態的 INDC 承諾目標，包括絕對或相對的國家量化目標、部門目標或整體之氣候計畫等，首次打破以往僅有已開發國家承擔減緩義務之局面，最終成為各國正式 NDC。

　　舉例而言，《巴黎協定》下「非市場機制」的「共同但有區分的責任」，可藉由不斷增加南北區域國家合作透過「減少因毀林或森林退化所致之排放量、以及養護」（Reducing emissions from deforestation and forest degradation, REDD+）機制，經開發中國家締約方被鼓勵減少砍伐樹木用以發展經濟，改採取保護森林部門之減少排碳行動，而已開發國家締約方則就此部分之行動提供各項基數及資金上的援助。

　　由此可知，「共同但有區別的責任」原則隨著時間逐漸演進，有效的強化了南北國家之間的合作，開展出已開發國家對開發中國家之各項支持，及對於脆弱國家發展能力受限時的特殊考量。透過《京都議定書》、《坎昆協議》及《巴黎協定》等確立出更清晰的合作模式，強化全球一體性的減緩氣候行動。

54　UNFCCC, Forum on the impact of the implementation of response measures, available at　＜ http://unfccc.int/cooperation_support/response_measures/items/10003.php ＞　（accessed 10 April 2021）

【參考文獻及延伸閱讀】

➢ Shishlov, I. and V. Bellassen, 'Compliance of the Parties to the KP in the first Comitmment Period', *Climate Policy*, 16/6, 2016, 768

➢ Weart, S.R., *The Discovery of Global Warming*, Cambridge, MA: Harvard University Press, 2008

➢ Grubb, M., et al, *The Kyoto Protocol: A guide and Assement, London*, Earthscan Press, 1999.

➢ UNFCCC, Mitigation targets, NDC Synthesis Report, 2020, available at https://unfccc.int/process-and-meetings/the-paris-agreement/nationally-determined-contributions-ndcs/nationally-determined-contributions-ndcs/ndc-synthesis-report#eq-9

➢ UNFCCC, 'The NAMA Registry', Nationally Appropriate Mitigation Actions （ NAMAs ） , available at https://unfccc.int/topics/mitigation/workstreams/nationally-appropriate-mitigation-actions

➢ UNFCCC, NDC Synthesis Report, 2020, available at https://unfccc.int/process-and-meetings/the-paris-agreement/nationally-determined-contributions-ndcs/nationally-determined-contributions-ndcs/ndc-synthesis-report#eq-9

3.2 調適

　　「調適」（adaptation）係指根據實際或預期的「氣候刺激」（climate stimuli）所導致之氣候影響，進行生態或社經系統上之對應及調整。「調適」亦指藉由程序上、實踐上、結構上的變化，緩和有關氣候變遷所生之潛在影響或從氣候

變遷中帶來利得[55]，前者可能包括海平面上升以及食安問題、後者則可能包括全球暖化帶來的農作物產量提升以及耕植季節拉長。

「調適」問題的解決方式包含有各種面向，依據社群、企業、組織、國家、甚至地域不同的需求而決定，並沒有一個可以適用於所有環境的解決之道。故此，「調適」可用運用於建立防洪的屏障、設置風災的早期警報系統、種植抗旱作物，甚至企業運作和國家預防政策設計等各項機制。目前雖然已有許多國家和社群在著手建立社經上的氣候調適韌性，但整體而言仍然需要能夠控管風險之更高的目標和跨國合作之行動。

在《氣候公約》訂定時，便已瞭解到不論全球在減緩行動上付出再多努力，也無法改變氣候變遷影響人類生活環境所造成之調適需求，故《氣候公約》亦十分重視促進各締約方能夠積極開展調適行動，並提供調適評估、調適計畫以及調適計畫執行之指導。但在《氣候公約》生效的早期，「調適」議題之關注的程度卻遠不如「減緩」議題，其原因在於針對「調適」議題，在當時氣候變遷的影響和脆弱度之科學評估仍不具足以形成確信，同時減緩行動亦被認為更具急迫性，因此調適行動的開展在初期一直受到許多侷限。

然而，IPCC 第三次報告（Third Assessment Report, AR3）中重新強調「調適」議題之重要及各國應採取立即行動之迫切性，使「調適」議題受到締約方大會更多的重視，各締約方同意建立處理氣候變遷負面影響的程序，並建立處理「調適」議題的基金，促成了日後「低度開發國家工作計畫」、「低度開發國家專家團」（Least Developed Countries Expert Group, LEG）、「奈洛比行動方案」（The Nairobi work programme, NWP）、「坎昆調適架構」（Cancun Adaptation Framework）以及「調適基金」（AF）等對應「調適」議題機制的出現[56]，以下分別針對幾個重要的調適機制做進一步的說明：

---

[55] UNFCCC, 'What do adaptation to climate change and climate resilience mean?', Adaptation and resilience, available at < https://unfccc.int/topics/adaptation-and-resilience/the-big-picture/what-do-adaptation-to-climate-change-and-climate-resilience-mean > （accessed 10 April 2021）

[56] UNFCCC, 'Understanding climate resilience', What is adaptation, available at < https://unfccc.int/resource/bigpicture/ > （accessed 10 May 2021）

3.2.1 低度開發國家工作計畫及低度開發國家專家團（LEG）

「調適」議題首先面對到最迫切的問題之一，即是易受到氣候變遷負面影響之「低度開發國家」（Least Developed Countries），同時也多高度缺乏甚至並不具有立即處理氣候變遷影響之能力，因此急需各項各國協助之「調適」行動的介入。因此在 2001 年《氣候公約》第 7 屆締約方大會（COP7）上，各締約方便通過一系列的決議以援助低度開發國家在調適上的行動，其中包括「低度開發國家工作計畫」（LDC work Programme）、「低度開發國家之國家調適行動計畫」（National Adaptation Programmes of Action, NAPAs；下稱 NAPAs）在內之國家氣候變遷機制的發展。透過協助低度開發國家締約方提出「國家調適行動計畫」（之相關報告，一方面鎖定其調適行動之優先性，以回應最具有急迫性的調適需求，另一方面使已開發國家締約方能更針對其調適需求進行協助[57]。

另有關實質的財務及技術支援的部分，除了設立「低度開發國家基金」（Least Developed Countries Fund, LDCF）長期用以援助低度開發國家執行國內調適計畫以外，「低度開發國家專家團」（LEG）亦自「馬拉喀什協議」後設立，主要工作目標包含：為 NAPAs 及工作計畫提供技術協助和建議，並為低度開發國家之「國家調適計畫」（NAP）提供技術指導和支援[58]。LEG 每年定期舉行二次會議，透過不同的方式對低度開發國家提供援助，這些方式包括：提供訓練之工作坊，撰寫指導、工具、技術論文、資料庫等，並審查低度開發國家的「國家調適行動計畫」，以提供直接的建議[59]，可謂專門為低度開發國家所

---

[57] UNFCCC, 'How do parties address adaptation', National adaptation programmes of action （NAPAs）, available at ＜ https://unfccc.int/topics/adaptation-and-resilience/the-big-picture/what-do-adaptation-to-climate-change-and-climate-resilience-mean#eq-1 ＞ （accessed 10 April 2021）

[58] 作者註：國家調適計畫（NAP）的程序於 2016 年的 COP16 上建立，讓締約方能夠將 NAP 的制定與執行，作為一個訂定中期和長期調適需求的手段，並發展與執行對應這些需求的策略與計畫。目前 NAP 仍然在進行中，並依照國家驅動、性別敏感、具參與性、以及充分透明度之方法，循序漸進。為了強化對調適的援助，在 2015 年締約方大會並要求 GCF 加速對 NAP 制訂與執行之援助。

[59] UNFCCC, Least Developed Countries Expert Group, available at ＜ https://unfccc.int/LEG ＞ （accessed 10 May 2021）

量身訂做的專家支援團隊。

3.2.2 奈洛比行動方案（NWP）

　　基於 2005 年《氣候公約》第 11 屆締約方大會（COP11）決議文「1/CP.11」，建立了「奈洛比行動方案」（Nairobi work programme, NWP）。「奈洛比行動方案」作為《氣候公約》下的一項「調適」機制，用以促進「調適」政策和行動之資訊和散布。在「奈洛比行動方案」的執行上，除了在科學技術方面積極與 SBSTA 合作並在 SBSTA 的主席的指導下進行外，秘書處、各國以及調適方面的利害相關者皆可提供相關協助[60]。

　　整體而言，「奈洛比行動方案」的主要功能有四：第一，透過建立一個透過資訊交流而累續知識的網絡，使非締約方利害相關者能分享他們的經驗和專業知識，這些利害相關者包括保險公司、研究中心、金融公司、次國家政府（Subnational Governments）、地方非政府組織及城市等；第二，透過技術工作坊、論文和報告，收集並整合有關調適議題最新的資訊和知識，其中包括生態系、人類、水資源、健康、原住民和傳統知識等；第三，促進北南（North-south）和南南（South-South）之科學及政治實作上的合作，以填補知識上之缺口，其中包括行動承諾、研究計畫、「利馬調適知識倡議」（Lima Adaptation Knowledge Initiative）等行動；第四，散布調適之相關知識，並加強調適知識的學習，以刺激在各個層級的調適行動，其中包括地方行動、調適計畫、以及國家聯繫點（Focal Point）等[61]。

---

[60] UNFCCC, The Nairobi work programme: The UNFCCC Knowledge-to-Action Hub for Climate Adaptation and Resilience, available at < http://unfccc.int/adaptation/workstreams/nairobi_work_programme/items/9201.php > and The Nairobi work programme, the UNFCCC's Knowledge-To-Action Hub: Closing Knowledge Gaps to Advance Transformative Adaptation and Resilience in a Changing Climate, available at < https://spark.adobe.com/page/TpuJ4xeNwFEeY/ > （accessed 10 April 2021）

[61] UNFCCC, Advancing adaptation action through knowledge , The Nairobi Work Programme, available at < http://unfccc.int/files/adaptation/workstreams/nairobi_work_programme/application/pdf/banner_nwp.pdf > （accessed 10 April 2021）

　　鑑於資訊交流對於調適行動之重要性，「奈洛比行動方案」特別創立了「調適知識門戶」（Adaptation Knowledge Portal）為各國公部門和私部門的利害相關者提供了調適行動的參與機會，透過提供一個所有調適研究者和實作者一個交換意見的平台，以促進優良實作經驗的分享[62]。此外，「奈洛比行動方案」亦建立了多樣化之模式（Modality），用以加速調適行動的參與和知識分享，該「奈洛比行動方案」模式如下圖所示：

圖 1：NWP 多樣化模式

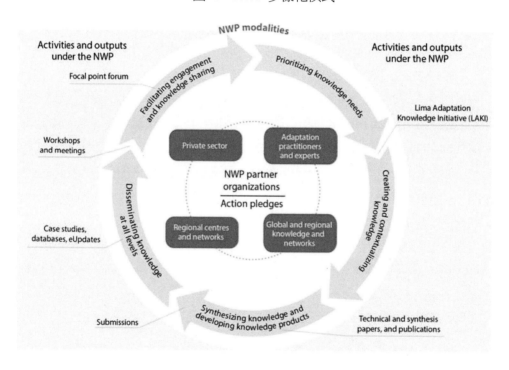

資料來源：UNFCCC[63]

---

[62] UNFCCC, adaptation knowledge portal, available at ＜ http://www4.unfccc.int/sites/nwp/Pages/Home.aspx ＞ （accessed 10 April 2021）

[63] UNFCCC, Overview of the Nairobi work programme, available at ＜ https://unfccc.int/topics/adaptation-

透過上述的功能與多樣化模式，「奈洛比行動方案」為《氣候公約》相關機構、程序、資源、和專家提供了一個溝通的機會，以回應締約方在調適知識上的需求。

3.2.3 調適委員會

於 2010 年《氣候公約》第 16 屆締約方大會（COP16）上，通過了「坎昆協議」（Cancun Agreement），而作為《坎昆協議》的一部分，「坎昆調適架構」（Cancun Adaptation Framework）亦作為協議一部分被通過。「坎昆協議」首次肯定了在「調適」議題必須採取和減緩同樣的處理層級，因此更需加強「調適」行動的力度，從而減少各締約方在氣候變遷上的脆弱度、並建立開發中國家的氣候韌性[64]。而「調適委員會」（Adaptation Committee, AC）即在此一背景下，依決議文「1/CP.16」而成立，用以促進「調適」行動的強度，並依《氣候公約》執行調適行動。

整體而言，「調適委員會」的工作包括：為締約方提供技術支援與指導、分享相關之資訊、知識、經驗和優良之實施方法、促進國家與跨國際組織間的協力與參與、提供有關調適優良實施方法的資訊和建議供締約方大會參考以及透過締約方提出之調適行動資訊向締約方提供援助[65]。

2015 年《氣候公約》第 21 屆締約方大會（COP21）通過決議文「1/CP.21」中，更進一步建立了「調適之技術審查程序」（Technical examination process on adaptation ,TEP-A）。該程序於 2016 年至 2020 年實施，以找出強化氣候韌性、減少脆弱度、增加對調適行動之理解與執行之具體機會。而該程序亦是由「調適委員會」負責進行，並由調適委員會建立一個工作小組，以強化該程序的工

---

and-resilience/workstreams/nairobi-work-programme-nwp/overview-of-the-nairobi-work-programme 　＞（accessed 10 May 2021）

[64] UNFCCC, Cancun Agreements, available at ＜ http://unfccc.int/adaptation/items/5852.php ＞ （accessed 10 April 2021）

[65] UNFCCC, 'Achievements of the Adaptation Committee in 2020', Adaptation Committee, available at ＜ https://unfccc.int/Adaptation-Committee ＞ （accessed 10 May 2021）

作進行[66]。

【參考文獻及延伸閱讀】

➢ Weart, S.R., *The Discovery of Global Warming*, Cambridge, MA: Harvard University Press, 2008

➢ Freestone, D., 'The United Nations Framework Convention on Climate Change: The Basis for the Cliamte Change Regime', *The Oxford Handbook of International Clamate Change Law*, Oxford University Press, 2016, p.97.

➢ Rajamani, L., 'The United Nations Framework Convention on Climate Change: A Framework Approach to Climate Change', *Elgar Encyclopedia of Environmental Law vol 1: Climate Change Law*, Cheltenhanm UK: Edward Elgar, 2016, p. 205.

3.3 損失與損害：華沙國際機制

有關「損失與損害」之定義，目前較為廣泛的說法係有關氣候變遷在開發中國家的影響，而生之實際或潛在的、對人類和生態系有負面影響的現象。至於「損失」（loss）的意思係指不可能彌補或恢復的負面影響，例如氣候影響導致原乾淨水資源遭到破壞，而無法回復；「損害」（damage），指的則是可能彌補或恢復的負面影響，如極端氣候之風暴所帶給建物的損害[67]。以下便針對

---

[66] UNFCCC, Technical Examination Process on Adaptation （TEP-A）, available at ＜ http://unfccc.int/adaptation/workstreams/technical_examination_process_on_adaptation/items/9542.php ＞ （accessed 10 April 2021）

[67] UNFCCC Subsidiary Body for Implementation （SBI）, 'A literature review on the topics in the context of thematic area 2 of the work programme on loss and damage: a range of approaches to address loss and damage associated with the adverse effects of climate change', FCCC/SBI/2012/INF.14, November 2012, available at ＜ http://unfccc.int/resource/docs/2012/sbi/eng/inf14.pdf ＞ （accessed 10 April 2021）

《氣候公約》所發展出「損失與損害」之「華沙國際機制」（Warsaw International Mechanism for Loss and Damage, WIM；下稱 WIM），進行深入介紹。

　　「損失與損害」之發展過程可以追溯到 2007 年的「峇里行動計畫」（Bali Action Plan），該行動計畫開始思考對應「損失與損害」的手段方法，特別是包括風險分散和風險移轉機制在內的風險管理和風險降低策略，同時該行動計畫亦著手於降低特別脆弱開發中國家之災害以及對應特別脆弱開發中國家之「損失與損害」的方式。而在 2010 年的《坎昆協議》中，各締約方同意提供一個在《氣候公約》下有系統的程序，以思考對應「損失與損害」的所造成的負面影響。因此，在《坎昆協議》下的「坎昆調適架構」中，各締約方通過了一項工作計畫，用以強化專業知識及國際合作，以增進對「損失與損害」的理解，進而降低氣候變遷之影響。同時，「坎昆調適架構」亦考慮包括特別脆弱開發中國家之極端氣候、緩發事件（slow onset event）在內的影響應如何對應，並於 2012 年《氣候公約》第 18 屆締約方大會（COP18）上提出相關之建議。

　　於 2012 年《氣候公約》第 18 屆締約方大會（COP18）中，締約方針對「坎昆調適架構」工作計畫所提出之建議，同意應就「損失與損害」之議題作出積極回應，並決定在 2013 年建立一個國際機制，以處理「損失與損害」的問題，並將《氣候公約》定位於促進對應「損失與損害」方法的執行。於是在 2013 年的第 19 屆締約方大會（COP19）上，各締約方同意建立「損失與損害」的「華沙國際機制」（WIM），以處理特別脆弱之開發中國家因氣候變遷負面影響所致的損失與損害，並同步成立「華沙國際機制」的執行委員會，以指導「華沙國際機制」功能之履行[68]。

　　WIM 的主要功能係以全面且完整的角度執行對氣候變遷負面影響相關之「損失與損害」對應方式，大致可分為三項：第一，強化對全面的風險管理方法之理解與知識，以對應損失與損害，其中亦包括緩發事件；第二，加強相關

---

[68] UNFCCC, Warsaw International Mechanism for Loss and Damage associated with Climate Change Impacts（WIM）, available at ＜https://unfccc.int/topics/adaptation-and-resilience/workstreams/loss-and-damage-ld/warsaw-international-mechanism-for-loss-and-damage-associated-with-climate-change-impacts-wim ＞（accessed 12 May 2021）

之利害相關者間的對話、合作與協調；第三，強化包括資金、技術、能力建構在內的行動與支援，以對應氣候變遷負面影響相關的損失與損害[69]。另外，「華沙國際機制」中最重要的「執行委員會」，其主要透過制定之「工作計畫」（workplan），對 WIM 之履踐提供指導，並針對各項議題設置三個專題小組分別聚焦於：非經濟之損失、有關氣候變遷負面影響的族群遷徙、以及全面的風險管理與轉型方法。

　　WIM 持續隨著《氣候公約》的談判逐步演進，2014 年在第 20 屆締約方大會（COP20）上通過了 WIM 的短期二年滾動工作計畫以及長期的五年滾動工作計畫。2015 年《巴黎協定》通過後，針對「損失與損害」議題，締約方同意除了原有 WIM，另建立「風險轉移清算所」（Clearing House for Risk Transfer）以及「族群遷徙小組」（Task Force on Displacement）充其輔助。「風險轉移清算所」主要功能係透過此一窗口，幫助弱勢群體找到可負擔的保險和解決方式，以避免像洪水或乾旱之類的災害[70]；而「族群遷徙小組」主要功能則是提供綜合的建議，以發展不同之方式來避免、最小化、並對應與氣候變遷負面影響相關的遷徙問題[71]。

---

[69] UNFCCC, 'Functions of the Loss and Damage Mechanism', Warsaw International Mechanism for Loss and Damage associated with Climate Change Impacts （WIM）, at ＜https://unfccc.int/topics/adaptation-and-resilience/workstreams/approaches-to-address-loss-and-damage-associated-with-climate-change-impacts-in-developing-countrie＞（accessed 12 May 2021）

[70] The Fiji Clearing House For Risk Transfer, The UNFCCC repository of information on insurance and risk transfer, available at ＜http://unfccc-clearinghouse.org/＞（accessed 10 April 2021）

[71] UNFCCC, Task Force on Displacement, available at ＜https://unfccc.int/process/bodies/constituted-bodies/WIMExCom/TFD＞（accessed 10 April 2021）

圖 2：華沙國際機制之進展

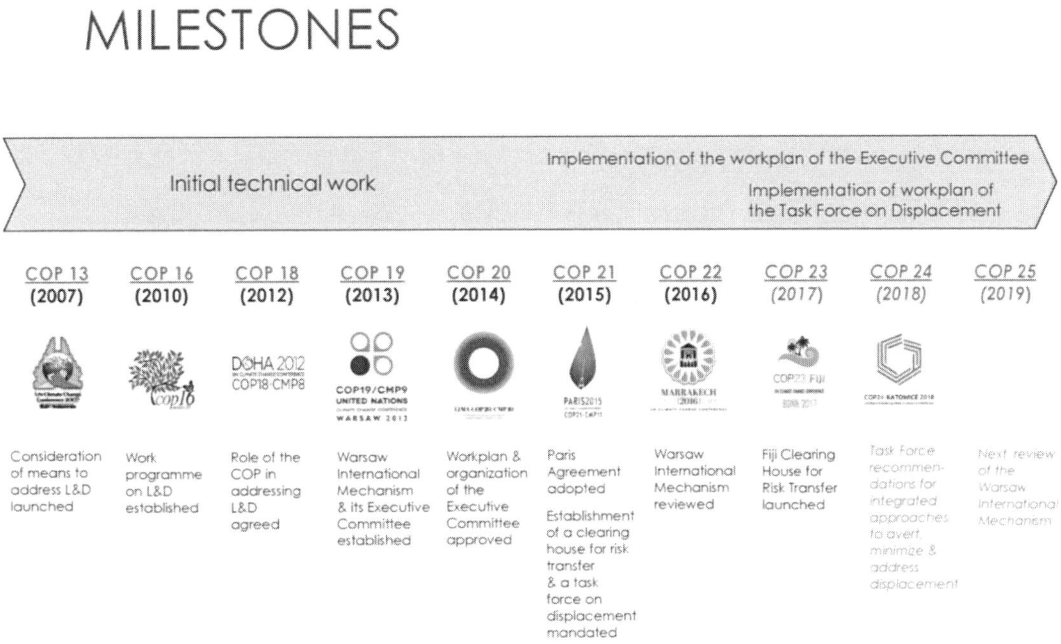

MILESTONES

| | Initial technical work | | | | Implementation of the workplan of the Executive Committee |
| | | | | | Implementation of workplan of the Task Force on Displacement |

COP 13 (2007)	COP 16 (2010)	COP 18 (2012)	COP 19 (2013)	COP 20 (2014)	COP 21 (2015)	COP 22 (2016)	COP 23 (2017)	COP 24 (2018)	COP 25 (2019)
Consideration of means to address L&D launched	Work programme on L&D established	Role of the COP in addressing L&D agreed	Warsaw International Mechanism & its Executive Committee established	Workplan & organization of the Executive Committee approved	Paris Agreement adopted Establishment of a clearing house for risk transfer & a task force on displacement mandated	Warsaw International Mechanism reviewed	Fiji Clearing House for Risk Transfer launched	Task Force recommendations for integrated approaches to avert, minimize & address displacement	Next review of the Warsaw International Mechanism

資料來源：UNFCCC[72]

3.4　氣候財務機制

　　「氣候財務」（Climate Finance）機制係指來自地方、國家或跨國的資金，用以支援對應氣候變遷之減緩或調適行動，這些資金可能來自公部門、私部門或其他資金來源。「氣候財務」之所以具有重要性，係減緩計畫通常具備一定規模，需要有大型的投資以及跨國合作才得以確實執行。而對調適行動而言，「氣候財務」機制亦具有相同重要性，因有調適行動需求的地區，通常也是缺

---

[72] UNFCCC, WIM Milestones, available at ＜https://unfccc.int/documents/201946＞ （accessed 10 April 2021）

乏資金的國家，只有獲得足夠資金才能使部分區域的國家，在氣候變遷帶來的負面影響即時進行調適行動。

「氣候財務」機制係根據「共同但有區別的責任」原則和考量各國能力所建立的，要求《氣候公約》的「附件二國家」應提供財務資源以援助開發中國家締約方履行《氣候公約》的目標。換言之，各締約方國家之政府以及利害相關者，皆應對開發中國家締約方之資金需求有所理解並進行評估，使開發中國家締約方能獲得資金，進而採取對應氣候變遷的行動。其中，如何有效運用「氣候財務」機制，《氣候公約》的合作平台應強化各政府和利害相關者理解資金的來源，開發中國家締約方需要知道資金是否具有可預測性、永續性、以及該透過何種管道取得資金，讓它們能夠在直接且不具困難的情況下利用這些資金；而對於已開發國家締約方而言，開發中國家能否展示它們具有有效接受及利用資金的能力，亦屬重要。

綜上所述，如何將全球綠色資金做最有效率之運用，一直係《氣候公約》關注的重要項目之一，也關係著人類作為整體落實氣候行動之成敗關鍵，因此「氣候財務」機制所要求各締約方在操作財務機制之程序方面的透明度，比起其他機制更加嚴謹，以有效的量測、報告和認證建立各締約方間信賴，係有效運作之重點[73]。

2021 年將於英國格拉斯哥（Glasgow）召開的第 26 屆締約方大會（COP26），會議主軸即定為「綠色金融」（Green Financing），主辦國英國業已啟動融資與氣候變遷議題之相關行動，指派「能源商務產業戰略部」部長擔任 COP26 主席，並由前英格蘭銀行總裁 Mark Carney 為氣候金融特別顧問（Prime Minister's Finance Adviser for COP26），顯見主辦國對於推動「氣候財務」機制之決心。以下分別針對幾個重要的「氣候財務」機制之各項運作方式，進行深入介紹：

---

[73] UNFCCC, 'What is climate finance?', Introduction to Climate Finance, available at < https://unfccc.int/topics/climate-finance/the-big-picture/introduction-to-climate-finance > （accessed 10 April 2021）

3.4.1 全球環境基金（GEF）

「氣候財務」機制的法源，來自於《氣候公約》第 11 條，該條除有一般原則性的規定外，相關操作機制則後續委由現有國際組織之既有基金來運行，包含「全球環境基金」（Global Environment Facility, GEF；下稱 GEF）、「特殊氣候變遷基金」（Special Climate Change Fund, SCCF）和「最低度開發國家基金」（Least Developed Country Fund, LDCF）等。直至 2010 年 COP16 坎昆會議後，《氣候公約》又再單獨成立了「綠色氣候基金」（GCF），將其設定為運作金融機制的另一實體，《氣候公約》才開始有自己獨立的基金，容下節另述。

作為最早開始成為《氣候公約》下之運作基金，「全球環境基金」（GEF）係於 1992 年的里約「地球高峰會」上成立，最初成立目的係以協助對應全球最迫切的環境問題[74]，而最早 GEF 和《氣候公約》之間產生關連，可追溯至 1996 年及 1997 年在《氣候公約》第 2 屆（COP2）與第 3 屆締約方大會（COP3）上所簽訂之「合作備忘錄」（MOU）。根據該「合作備忘錄」以及《氣候公約》第 11 條，《氣候公約》締約方大會（COP）將向 GEF 提供定期的指導，並由 GEF 受託作為《氣候公約》的財務機制，透過其策略、計畫、優先性之合格標準，來判斷是否對締約方國家氣候行動之計畫提供資金。同時，依該「合作備忘錄」之規定，GEF 並應每年向《氣候公約》締約方大會（COP）提出報告，以確保 GEF 有履行其職責，包括 GEF 在履行《氣候公約》所涉氣候行動之資助情況[75]。

開發中國家、正在進行經濟轉型國家、《京都議定書》減量目標之國家，都可以向 GEF 申請資金以資助其國內的氣候行動計畫，惟需符合幾項標準，其中包括：已簽署國際性環境相關公約之國家並符合《氣候公約》所決議之標準

---

[74] Green Climate Fund （GCF）, About Us, available at < https://www.thegef.org/about-us > （accessed 10 April 2021）

[75] UNFCCC, Background: Global Environment Facility, available at < https://unfccc.int/topics/climate-finance/funds-entities-bodies/global-environment-facility > （accessed 10 May 2021）

者；符合世界銀行或聯合國開發計畫署所提出之標準者；所提出之計畫應由國家負責進行，並符合永續發展之國家優先性；該計畫所處理之議題落在 GEF 所規定之重點領域內，該等重點領域包括：生物多樣性、國際水資源、土地退化、化合物和廢棄物、氣候變遷之減緩等；該計畫所採用方式之增量成本應能為全球環境帶來利益；該計畫應涉及公眾參與等[76]。

3.4.2 綠色氣候基金（GCF）

「綠色氣候基金」（Green Climate Fund, GCF；下稱 GCF）於 2010 年的《氣候公約》第 16 屆締約方大會（COP16）上，依決議文「1/CP.16」所成立，並新增作為《氣候公約》第 11 條金融機制之「運作實體」（operating entity）。GCF 是由 GCF 理事會負責其運作，依《氣候公約》締約方大會（COP）的指導行使其職能，以資助開發中國家之氣候計畫、氣候政策和其他行動，並向締約方大會（COP）負責[77]。

在 2011 年的《氣候公約》第 17 屆締約方大會（COP17）上，通過了 GCF 的「管理文書」（Governing Instrument for the GCF），根據該「管理文書」之規定，GCF 應選任一名暫時之受託人，為其管理基金的收受與投資，目前由「世界銀行」（World Bank, WB）擔任該受託人之角色，為 GCF 進行管理、投資、資金移轉及準備金融報告等工作[78]。《氣候公約》第 18 屆締約方大會（COP18）和第 19 屆締約方大會（COP19）分別通過了 GCF 和《氣候公約》之間運作及適用的相關規定。在 2015 年《氣候公約》第 21 屆締約方大會（COP21）上，各國決定將 GCF 和 GEF 這二個受託運作的金融機制實體，以及由 GEF 管理的低度開發國家基金（LDCF）、特別氣候變遷基金（SCCF），皆作為落實《巴

---

[76] Green Climate Fund （GCF）, funding, available at ＜ https://www.thegef.org/about/funding ＞（accessed 10 April 2021）

[77] UNFCCC, Background: Green Climate Fund, available at ＜ http://unfccc.int/cooperation_and_support/financial_mechanism/green_climate_fund/items/5869.php ＞（accessed 10 April 2021）

[78] Green Climate Fund, Resource mobilization, available at ＜ http://www.greenclimate.fund/how-we-work/resource-mobilization/trustee-of-gcf ＞（accessed 10 April 2021）

黎協定》財務支援的一部分；同時，亦決定對這些受託運作公約下金融機制之實體提供一份主要的指導運作方針，該指導也將一併適用於《巴黎協定》通過前之財務機制運作實體。該指導規定《氣候公約》下之財務機制將提供一個簡化的核可程序，強化對開發中國家締約方的支援，以確保締約方能夠有效的使用金融資源，特別是低度開發國家以及小島嶼開發中國家，應對這些國家的氣候政策和氣候計畫提供使用氣候資金之合理管道。

3.4.3 調適基金（AF）

「調適基金」（Adaptation Fund, AF；下稱 AF）成立於 2001 年《氣候公約》第 7 屆締約方大會（COP7），以援助《京都議定書》下特別具有氣候變遷脆弱度之開發中國家具體的調適計畫。自從 2010 年起，「調適基金」已對 73 個國家的氣候調適與氣候韌性行動提供 4 億 6200 萬元美金的資助，其中包括 28 個低度開發國家、以及 17 個小島嶼開發中國家[79]。

「調適基金」原則上由調適基金理事會負責監督和管理，該理事會由 16 位常駐成員與 16 位輪替成員所組成，每年會召開二次會議。「調適基金」理事會之秘書處則提供研究、建議、行政、以及其他各種不同的服務予該理事會。另一方面，「世界銀行」（WB）亦作為「調適基金」之臨時受託人，為「調適基金」處理資金管理以及投資等工作[80]。

「調適基金」的主要來源係在《京都議定書》的「清潔發展機制」下的「認證減量額度」（CER）交易總量之 2%，即開發中國家透過減少排放量之計畫，得以取得 CER，而工業化國家為了達成《京都議定書》下減少排放之目標，會交易、購入認證減量額度，以達成減少排放的目標，上述之每年交易總金額的 2%皆挹注於基金內，「調適基金」的資金亦有來自於其他締約方國家、私部門、

---

[79]　　UNFCC,　　Adaptation　　Fund,　　available　　at　　<
http://unfccc.int/cooperation_and_support/financial_mechanism/adaptation_fund/items/3659.php　　>
（accessed 10 April 2021）

[80]　Adaptation Fund, Governance Overview, available at　< https://www.adaptation-fund.org/about/governance/
>　（accessed 10 April 2021）

以及個人之提供。例如，在 2017 年的《氣候公約》第 23 屆締約方大會（COP23）上，德國和義大利向「調適基金」額外提供了 5,700 萬歐元的資金，使「調適基金」的總數額已經超過其原定目標[81]。

　　針對獲得「調適基金」財務援助之方式，為了簡化開發中國家申請的程序，基金設立了可直接獲取氣候資金之途徑（Direct Access），透過該途徑開發中國家經過認證之「國家履約實體」（National Implementing Entities）能夠直接取得資金，無須透過第三者，進而有助於氣候調適計畫與氣候韌性計畫各個層面的有效率推展。另一方面，「調適基金」亦啟動了氣候財務機制的準備計畫，透過獲取和交換調適基金在直接取得資金之途徑上的經驗，能強化各國和地方實體的能力，進而在氣候計畫和氣候行動上取得更多的資助[82]。

【參考文獻及延伸閱讀】

➢　Nordhaus, W.D., The Climate Casino: Risk, Uncertainty, Economics of a Warming World, New Haven, CT: Yale University Press, 2013.

➢　Bodansky D., The Art and Craft of International Environmental Law, Cambridge, MA, Havard University Press, 2010.

➢　Adaptation Fund, at https://www.adaptation-fund.org/

➢　Green Climate Fund, at http://www.greenclimate.fund/

➢　Global Environment Facility, at https://www.thegef.org/

---

[81] UN Climate Press Release, Bonn Climate Conference Becomes Launch-Pad for Higher Ambition, available at ＜ https://cop23.unfccc.int/news/bonn-climate-conference-becomes-launch-pad-for-higher-ambition ＞（accessed 10 April 2021）

[82] Adaptation Fund, Direct Access, available at ＜ https://www.adaptation-fund.org/about/direct-access/ ＞（accessed 10 April 2021）

3.5 技術開發及移轉

　　促進環境無害技術的有效開發和移轉（technology development and transfer）
具有其重要性，因為這能使開發中國家締約方，更具追求永續發展目標的能力，
亦能達成《氣候公約》之目標。考量到此點，《氣候公約》明確指出：「*所有
締約方都應促進能夠減少排放之技術開發與技術移轉，並在此議題上合作*」；
「*同時並呼籲已開發國家締約方採取一切確實可行的步驟，以促進並資助對其
他締約方之技術移轉，特別是對開發中國家締約方*」。

　　從此原則所開展出之論述，即開發中國家締約方是否能有效履行其各項承
諾，實取決於已開發國家締約方是否能有效履行公約中之財務資源與「技術移
轉」之承諾，於此一背景下，《氣候公約》成立技術機制（Technology Mechnism）
以支援並加速氣候技術之開發與移轉[83]，以下針對其相關組織及機制進行介紹：

3.5.1 技術執行委員會（TEC）

　　「技術執行委員會」（Technology Excutive Committee, TEC；下稱 TEC）
於 2010 年成立，主要聚焦於策略之訂定，以加速低碳與氣候韌性技術之發展和
移轉。TEC 是技術機制的政策機構，其和「氣候技術中心與網絡」（Climate
Technology Centre and Network, CTCN），二者構成《氣候公約》之核心技術機
制，並同時為《巴黎協定》技術支援之一部分，援助締約方國家制訂氣候技術
政策，從而使締約方國家達成《巴黎協定》之目標。

　　TEC 主要運作架構包含 20 位技術專家，分別代表已開發和開發中國家。
每年舉行兩次會議討論技術相關政策，並在《氣候公約》締約方大會上向締約
方進行報告。TEC 藉由分析氣候技術議題以及提出衡平之政策建議，從而援助
各締約方國家加速在氣候變遷上的行動，包含領域有：調適技術；氣候技術之

---

[83] UNFCCC, 'What is technology development and transfer?', Climate Technology, available at <
https://unfccc.int/topics/climate-technology/the-big-picture/what-is-technology-development-and-transfer >
（accessed 12 May 2021）

資金；新興議題和跨領域議題；創新和技術研究之發展與展示、減緩技術、技術需求評估[84]。

TEC 的最主要工作任務有下列五項：第一項，提供各國氣候技術需求之概要報告，並分析有關氣候技術發展和氣候技術移轉相關之政策與技術議題；第二項，提供有關促進氣候技術發展和氣候技術移轉之促進行動建議；第三項，為氣候技術政策和計畫提供指導；第四項，促進氣候技術上利害相關者間的合作，為氣候技術發展和氣候技術移轉上之障礙提出行動之建議；第五項，為氣候技術利害相關者提出合作之道，並促進不同技術行動間的一致性，以強化氣候技術之路線圖和行動計畫的發展和實行。

有關 TEC 運作程序，TEC 的每年都會向《氣候公約》締約方大會（COP）提出技術相關建議，透過 TEC 針對證實方法論之建議，各國能採用這些方法來加速其氣候技術之行動。同時，TEC 也制作政策簡報以及其他文書，來強化氣候技術上的資訊分享，並分析就氣候公約之技術審查程序中可能採取之各種政策。除了本身獨自進行之工作外，TEC 亦和許多重要合作夥伴及利害相關者進行合作，以製作具包容性和新穎性的政策建議，如 TEC 和「氣候技術中心與網絡」（CTCN）在技術發展和技術移轉的議題上有密切之合作，而根據《氣候公約》之架構，TEC 亦和「調適委員會」、GEF、GCF 等財務機制共同合作。

3.5.2 氣候技術中心與網絡（CTCN）

「氣候技術中心與網絡」（Climate Technology Centre and Network, CTCN；下稱 CTCN）於 2010 年成立，主要提供締約方技術上的支援。在《氣候公約》之技術機制下，TEC 負責作為政策機構，而 CTCN 則偏向執行機構，主要的任務係促進技術的移轉，以下列三種方式進行：第一，提供技術協助以回應開發中國家締約方加速技術移轉的需求；第二，創造近用氣候技術和資訊的機會，特別是透過知識管理系統之方式提供；第三，透過地區網絡和各部門之專家，

---

[84] UNFCCC, 'Strengthening climate technology policies: overview', Technology Executive Committee, available at < http://unfccc.int/ttclear/tec > （accessed 10 April 2021）

加速氣候技術利害相關者間的合作[85]。

　　CTCN 係由「聯合國環境規劃署」（UNEP）、及「聯合國工業發展組織」（United Nations Industrial Development Organization, UNIDO）共同運作，並對《氣候公約》締約方大會負責。除了主要的組織運作外，CTCN 亦有 11 個協力之合作機構，從而建立一個更具全面性的合作網絡，以加速國家、地區、各部門、以及全球之技術中心、組織、與私部門間的合作。開發中國家可以透過國家選定之「國家聯繫點」（Focal Point）、或「國家指定實體」（National Designated Entities, NDEs）向 CTCN 提出技術協助的請求，而 CTCN 在接到請求後會對其提供技術上的協助，並藉由其全球性之技術專家系統，為開發中國家設計一個客制化且合身剪裁的對策，以回應開發中國家之需求。

　　由於 CTCN 係專門進行技術支援之機構，原則上並不會直接提供資金予締約方國家，相關技術轉移之資金援助仍是由各項財務機制進行協助，CTCN 僅單純提供來自特定氣候技術部門專家之技術協助[86]。

---

[85] UNFCCC, 'Support for implementing climate technology activities', Technology Mechanism, Support, available at ＜http://unfccc.int/ttclear/support/technology-mechanism.html＞（accessed 10 April 2021）

[86] Climate Technology Centre and Network （CTCN）, Technical Assistance, available at ＜https://www.ctc-n.org/technical-assistance＞（accessed 10 April 2021）

聯合國氣候變化綱要公約與巴黎協定

圖 3：TEC、CTCN 與公約之技術機制

資料來源[87]

3.5.3 技術需求評估 （TNAs）

　　藉由瞭解締約方在氣候技術上的需求，可以決定如何降低溫室氣體排放，以及如何對於氣候變遷之負面影響進行更精準的調適行動。因此，為了決定「氣候技術的優先排序」（climate technology priorities），部分締約方國家採取「技術需求評估」（Technology needs assessments, TNA；下稱 TNA），以支援國內永續發展、推動國內能力建構、並促進對於優先排序氣候技術之執行。

---

[87] UNFCCC, TTClear, Technology Mechanism, available at < http://unfccc.int/ttclear/support/technology-mechanism.html > （accessed 10 April 2021）

　　自從 2001 年起，已經有超過 85 個開發中國家締約方採用了 TNA，以確認它們在調適技術上的需求優先性，並自 2010 年起，部分開發中國家透過 TNA 之優先性評估結果，更進一步的規劃了「技術行動計畫」（Technology Action Plan, TAP），以更精準的技術評估之科學根據，制定具體的行動計畫，來有效執行先前優先排序之技術需求。

　　近期，有許多締約方更將其 TNA 作為規劃及撰擬 NDC 之一部分，將技術評估的精神內化之各項國家行動之中，《氣候公約》亦積極向開發中國家提供相關資金援助以進行 TNA，諸如 GEF 透過「波茲南技術移轉策略計畫」（Poznzn Strategic Program on Technology Transfer），向開發中國家締約方技供財務援助，使其能夠順利進行 TNA[88]。

【參考文獻及延伸閱讀】

➢　Dessler, A. and EA. Parson, *The science and Politics of Global Climate Change: A Guide to the Debate*, Cambridge University Press, 2nd edn, 2010.

➢　Climate Technology Centre and Network（CTCN）, at https://www.ctc-n.org/

3.6　能力建構

　　以永續之方式對應氣候變遷需要投入大量的人力及物力資源，但並非所有締約方都有能力進行，有些國家可能不具備相關的知識、工具、公共支援以及科學專家，而「能力建構」（capacity building）正是為了強化開發中國家締約方與經濟轉型國家締約方之個人、組織、機構的能力而設，讓其可以順利規劃

---

[88] UNFCCC, 'Pathways for climate tech implementation', Technology Needs Assessment, available at < http://unfccc.int/ttclear/tna >（accessed 10 April 2021）

並執行減緩與調適之計畫,這也是《氣候公約》將「能力建構」納入主要架構的原因。從 2001 年起《氣候公約》便通過「能力建構」框架以對應開發中國家締約方和經濟轉型國家締約方的需求、條件以及相關的優先排序,發展出「能力建構之德班論壇」以及《巴黎協定》「能力建構委員會」[89],以下分別將此二機制分別敘述之:

3.6.1「能力建構」框架及「德班論壇」

承上所述,在 2001 年各締約方認識到開發中國家必須要即刻進行各項「能力建構」之重要性,故在決議文「2/CP.7」和決議文「3/CP.7」分別成立開發中及經濟轉型國家之「能力建構」架構,後續訂定了「能力建構」之原則與能力建構之方式。根據上述決議,原則上「能力建構」應採取由國家推動之程序,並應立基於既有之行動上從實作中之學習。該架構亦同時包含「能力建構」發展之優先行動清單,優先列入「低度開發國家」和「小島嶼國家」,使這些低度開發國家和小島嶼國家也獲得達成《氣候公約》目標的能力[90]。

「能力建構」架構會向提出要求的締約方國家提供各項協助指導,使其更能獲得資金上(例如 GEF)的援助,或多邊組織以及其他跨政府組織等技術上的協助。為了使功能能得到最大的發揮,「能力建構」架構亦同時與 TEC 和 CTCN 合作,呼籲開發中國家締約方與經濟轉型中國家締約方,透過國家通訊,提交他們在能力建構上的特殊需求與各項行動之優先事項,進而促進這方面的多方合作與利害相關者之參與。隨著 2005 年《京都議定書》的通過,《氣候公約》之「能力建構」架構繼續為《京都議定書》所用,並對開發中國家和經濟轉型國家繼續提供指導。

---

[89] UNFCCC, Level of capacity-building activities, Building capacity, available at < https://unfccc.int/topics/capacity-building/the-big-picture/capacity-in-the-unfccc-process > (accessed 12 May 2021)

[90] UNFCCC, Introduction: Building capacity in the UNFCCC process, available at < http://unfccc.int/cooperation_and_support/capacity_building/items/7203.php > (accessed 10 April 2021)

在 2011 年的《氣候公約》第 19 屆締約方大會（COP19）上，各締約方就「能力建構」的議題進行了充分的討論，並在之後不久成立了「能力建構之德班論壇」（Durban Forum on Capacity-Building；下稱「德班論壇」）。「德班論壇」主要積極的綜整原「能力建構」架構的工作內容，建立一個整合性的平台，讓各締約方、聯合國組織、跨政府組織、非政府組織、研究與學術組織以及私部門，在這個平台上分享彼此在開發中國家能力建構上的想法、經驗以及實作成果。

另一方面，「德班論壇」亦提出一系列的綜合報告，其中記載《氣候公約》各締約方和相關機構所提到的「能力建構」活動之資訊，以促進各方更深入的對話。上述的綜合報告以及「德班論壇」上各方所分享之資訊，將有助各締約方，對「能力建構」行動與能力建構援助之成果，進行更有效的監測和審查[91]。

3.6.2 巴黎能力建構委員會（PCCB）

2015 年《氣候公約》締約方大會決議設立「巴黎能力建構委員會」（Paris Committee on Capacity-building, PCCB；下稱 PCCB）並於 2016 年開始運作。該 PCCB 委員會的設立目的，是回應開發中國家在「能力建構」上的需求、填補其在「能力建構」上的缺口，並更加強化在「能力建構」上的努力，其中包括協助各締約方進行「能力建構」行動之協調。《巴黎協定》原則上亦認同《氣候公約》和《京都議定書》下之「能力建構」架構，以及其中之指導原則與能力建構之方式。但《巴黎協定》更進一步以 NDC 為基礎，呼籲已開發國家締約方增加對於開發中國家締約方能力建構行動的援助，以強化開發中國家締約方履行 NDC 之能力[92]。

---

[91] UNFCCC, Purpose, Durban Forum: Background, available at < http://unfccc.int/cooperation_and_support/capacity_building/items/6802.php > （accessed 10 April 2021）

[92] UNFCCC, Paris Committee on Capacity-building （PCCB）, available at < http://unfccc.int/cooperation_and_support/capacity_building/items/10251.php > （accessed 10 April 2021）

此外，除了建立 PCCB 組織以外，在 2015 年締約方亦同意啟動「透明度之能力建構倡議」（Capacity-building Initiative for Transparency）作為強化「能力建構」功能之用，為開發中國家締約方建構出可以強化《巴黎協定》透明度之機構能力與技術能力，並由 GEF 對此倡議之財務部分提供支助[93]。

3.7 透明度

對於減緩氣候變遷的負面影響，最理想的狀態是各國之間的資訊充分流通，共同以最有效率的方式進行減排及調適，使全球藉由《氣候公約》合作機制一起朝永續發展的目標邁進。因此，各締約方向公約所提交之報告是否具備準確性，將一直會是《氣候公約》是否成功運作之基石，也就是為何「透明度」（Transparency）受到各國重視之原因。換言之，也只有在執行《氣候公約》、《京都議定書》、《巴黎協定》時能夠具高度透明，才能提供各締約方行動之理解和測量上之信賴基礎，加強彼此之間的資訊交換，提升合作效能。因此，為達成全球的行動目標，各締約方需在溫室氣體排放、減少溫室氣體排放所作之數據上，必須具備「透明度」之一致性的標準，以及提交具國際可比較性的資料。

依據《氣候公約》之規定，各締約方應於固定的時期提交「氣候變遷政策和氣候變遷措施」以及「溫室氣體之國家清冊」等相關資訊予締約方大會，以利《氣候公約》作為一最高監督組織，能夠判斷締約方是否有採取有效行動以履行承諾。除了強調繳交資訊之審查以外，相關氣候財務機制的透明度則由「資金常務委員會」（Standing Committee on Fiance, SCF）每二年亦會制作一份氣候資金流向的評估和概述報告，加強各締約方在氣候行動上之透明度。

然而，根據「共同但有區別的責任」，開發中和已開發國家在執行「透明度」之程度仍略有不同。以《氣候公約》規定而言，「附件一國家」締約方以及「非附件一國家」締約方，所被要求提供之國家報告的內容和時期皆有不同。

---

[93] UNFCCC, GCF support, available at ＜ http://bigpicture.unfccc.int/ ＞ （accessed 10 April 2021）

而在《京都議定書》下，「附件 B 國家」締約方則被另外要求提供有關履行《京都議定書》之額外的補充資訊；至於在《巴黎協定》下，各締約方則被要求在強化的透明度架構下提交相關資訊[94]。以下將說明上述各提交文件之內涵及各該文件與提升「透明度」之關聯性。

3.7.1「國家通訊」、「二年期報告」以及「二年期更新報告」

各締約方皆同意提交其履行《氣候公約》之行動的報告，即為每 4 年一期的「國家通訊」（National Communications），目前最新一期的「國家通訊」係各國於 2018 年所提出。第八期的報告將在 2022 年繳交，《氣候公約》締約方大會會針對「國家通訊」給予各締約方指導並持續進行更新與修正。

秘書處會定期將這些締約方提交之「國家通訊」彙編整合，並上傳之《氣候公約》之網站，使一般公眾得以審閱，以增加各國在提交資訊的透明度。這些來自各個締約方的「國家通訊」包含[95]：溫室氣體的排放量和移除量；締約方之國內環境；政策和措施；脆弱度評估；資金來源和技術移轉；教育與訓練及公眾認知；以及其他履行公約所採取之行動。

另外，根據「共同但有區別的責任」原則，「附件一國家」之已開發國家被要求另提「二年期報告」（Biennial Reports, BR），以縮短原四年提交一次之期限。其內容是「附件一國家」締約方在排放減量上，對「非附件一國家」締約方之資金提供、技術援助、「能力建構」上的成果。同時，為促進「透明度」，已開發國家締約方在準備「二年期報告」時，應該要遵循《氣候公約》締約方大會提供之指導，並就該指導中所提到之各個項目作準備[96]。最近期之更新係各

---

[94] UNFCCC, understanding transparency and accountability, available at < https://unfccc.int/resource/bigpicture/ > （accessed 10 April 2021）

[95] UNFCCC, Sixth National Communications - Annex I, available at < http://unfccc.int/national_reports/national_communications_and_biennial_reports/submissions/items/7742.php > （accessed 10 April 2021）

[96] UNFCCC, Second Biennial Reports - Annex I , available at < http://unfccc.int/national_reports/national_communications_and_biennial_reports/submissions/items/7550.php > （accessed 10 April 2021）

締約方於 2020 年 1 月 1 日所提出第四期二年期報告[97]。

至於針對開發中國家，《氣候公約》另外要求各該國家對於「國家通訊」提出「二年期更新報告」（Biennial Updata Reports, BUR），就其「國家通訊」資料做相關更新，特別是指國家之溫室氣體清冊、減緩行動、相關之障礙和落差以及其所需要之援助與所接收到之援助。開發中國家締約方，可以依照他們的能力以及所接受到的援助來提交「二年期更新報告」，各開發中國家第一期的二年期報告於 2014 年 12 月提交，之後則每二年再提交一次，最新一期為 2020 年所提之更新版本。至於低度開發國家締約方和小島嶼國家締約方，則可自行勘酌是否提交「二年期更新報告」。[98]

《氣候公約》在「兩年期報告」和「兩年期更新報告」的報告查驗與處理之標準採取不同方式。對於已開發國家之「兩年期報告」，採取的是「國際評估與審查」（International Assessment and Review, IAR），以促進各已開發國家締約方在氣候變遷上行動之成果的可比較性[99]；至於開發中國家締約方的「兩年期更新報告」，則是採取「國際協商與分析」（International Consultation and Analysis, ICA），來增加開發中國家締約方在減緩行動和其效果上的透明度，並採取非侵入性、非懲罰性及尊重國家主權的態度來進行[100]。

3.7.2「國家溫室氣體排放清冊」

《氣候公約》各締約方皆已承諾制作並提交國內之「溫室氣體排放清冊」，即所謂的「國家清冊報告」（National Inventory Report, NIR）。IPCC 就「國家清冊」之制作發展出「國家清冊之方法學」（inventory methodologies）並提供

---

[97] UNFCCC, Fourth Biennial Reports - Annex I, available at ＜ https://unfccc.int/BRs ＞（accessed 10 April 2021）

[98] UNFCCC, Biennial Update Report submissions from Non-Annex I Parties, available at ＜ https://unfccc.int/BURs ＞ （accessed 10 May 2021）

[99] UNFCCC, International Assessment and Review , available at ＜ https://unfccc.int/IAR ＞ （accessed 10 May 2021）

[100] UNFCCC, International Consultation and Analysis, available at ＜ https://unfccc.int/ICA ＞ （accessed 10 May 2021）

予各締約方國家進行參考使用。

　　有關繳交報告之時程及涵蓋之項目，開發中國家與已開發國家之規定亦有明顯差別，即「附件一國家」締約方應每年提交其「國家清冊報告」，其中應含括各部門溫室氣體之直接排放量以及溫室氣體之減量，包括：能源部門、工業程序和產品使用部門、農業部門、森林和土地使用部門、以及廢棄物部門。至於「非附件一國家」則只須將「國家清冊報告」納入「國家通訊」中提交即可，無需每年提交「國家清冊報告」[101]。

【參考文獻及延伸閱讀】

➤ UNFCCC, Biennial Reports - Annex I , at http://unfccc.int/national_reports/national_communications_and_biennial_reports/submissions/items/7550.php

➤ UNFCCC, National Communications - Annex I, at http://unfccc.int/national_reports/national_communications_and_biennial_reports/submissions/items/7742.php

➤ UNFCCC, Biennial Update Report submissions from Non-Annex I Parties, at http://unfccc.int/national_reports/non-annex_i_natcom/reporting_on_climate_change/items/8722.php

---

[101] UNFCCC, national inventory of GHG emissions, available at < https://unfccc.int/resource/bigpicture/index.html#content-transparency > （accessed 10 April 2021）

第四章　《巴黎協定》重要條文說明

4.1《巴黎協定》之架構

法條	重點觀念
第 2 條	➢ 全球均溫升幅控制在攝氏 2 度之內，並努力控制於攝氏 1.5 度內 ➢ 提高調適能力 ➢ 使資金流向溫室氣體低排放和氣候韌性之工作 ➢ 衡平以及共同但有區別的責任和各自能力
第 3 條	➢ 國家自定貢獻（NDC） ➢ 對開發中國家締約方的援助
第 4 條	➢ 應儘快達到全球溫室氣體之峰值 ➢ 國家自定貢獻之編製與通報 ➢ 各國 NDC 企圖心應逐步增加 ➢ 應向開發中國家締約方提供協助 ➢ 低度開發國家和小島嶼開發中國家之策略規劃及通報 ➢ 調適行動的成果亦有利於減緩目標 ➢ NDC 通報之國家登記簿 ➢ NDC 雙重核算之避免 ➢ 長期溫室氣體低排放發展策略之通報 ➢ 執行減緩行動之因應措施及衝擊影響評估
第 6 條	➢ NDC 之自願落實之「合作方法」（Cooperative Approaches） ➢ 自願促進永續發展、確保環境品質與透明度 ➢ 國際間可轉讓減緩成果（ITMOs）

	➤	永續發展機制（Sustainable Development Mechanism）之建立
	➤	協助執行 NDC 之非市場方法
第 7 條	➤	調適能力的提高
	➤	調適行動應由國家驅動，並採取具參與性和透明度之方法
	➤	調適行動上之合作的強化，並應考量坎昆調適架構
	➤	調適規畫期程之提出
	➤	調適通訊之提交
	➤	記錄調適通訊之公共登記簿
第 8 條	➤	損失與損害之重要性
	➤	華沙國際機制受 CMA 之領導與指導
	➤	損失與損害之八大領域
第 9 條	➤	已開發國家應資助開發中國家
	➤	資金之規模應予擴大，以達成調適與減緩之平衡
	➤	已開發國家每 2 年應提交資金提供方面之報告
	➤	公約之資金機制亦應作為巴黎協定之資金機制
第 10 條	➤	技術開發和技術移轉之重要性
	➤	公約之技術機制亦應作為巴黎協定之技術機制
	➤	技術架構之設立
	➤	應提供資金之援助以利技術開發和技術移轉之實行
第 11 條	➤	加強對開發中國家締約方能力建構行動的支援
	➤	成立巴黎能力建構委員會推動能力建構指導工作
第 13 條	➤	強化透明度架構，並應依各締約方能力保有彈性
	➤	以促進性、非侵入性、非懲罰性並尊重國家主權方式實施
	➤	國家通訊、兩年期報告、兩年期更新報告，國際之審查分析

	➢ 氣候變遷衝擊與調適相關資訊之提供 ➢ 開發中國家締約方接受資金、技轉和能力建構資訊之提供 ➢ 資訊之專家審查 ➢ 對開發中國家透明度相關能力之支援
第 14 條	➢ 每五年進行一次全球盤點,第一次將於 2023 年進行 ➢ 由國家自主更新並加強其行動行動,並強化國際合作
第 15 條	➢ 履約與遵約機制之設立 ➢ 履約與遵約專家委員會應以透明、非對立、非懲罰性之方式行使職能

資料來源:自行整理

4.2 《巴黎協定》重要條文釋義

本章節挑選《巴黎協定》重要條文作逐條分析，並更新《巴黎協定》後續各項談判要點：

4.2.1 前言（preamble）

本協定締約方，

作為《聯合國氣候變化綱要公約》（下稱"《公約》"）締約方，

依據《公約》締約方大會第十七屆會議第 1/CP.17 號決議建立的德班加強行動平台，

遵循《公約》目標，並信守其原則，包括以衡平為基礎並體現共同但有區別的責任和各自能力的原則，同時本諸不同的國情，

認識到必須根據現有的最佳科學知識對氣候變遷的緊迫威脅作出有效和漸進的應對，

進一步認識到《公約》所述開發中國家締約方的具體需求和特殊情況，特別是那些對氣候變遷不利影響特別脆弱的開發中國家締約方的具體需求和特殊情況，

充分考慮到低度開發國家在籌資和技術移轉方面的具體需求和特殊情況，

認識到締約方不僅可能受到氣候變遷的影響，也可能受到因應氣候變遷所採取措施的影響，

強調氣候變遷的行動、其因應和影響，與衡平獲得永續發展和消除貧困有著內在的關係，

認識到保障糧食安全和消除饑餓為基本優先事項，以及糧食生產系統面對氣候變遷不利影響時的特殊脆弱性，

考量到務必根據國家擬定的優先發展事項，實現勞動力公正轉型、創造優質工作以及高品質就業機會，

> 承認氣候變遷是人類共同關注的問題，締約方在針對氣候變遷採取行動時，應當尊重、促進和考慮它們各自對人權、健康權；原住民、在地社區、遷徙者、兒童、身心障礙者、弱勢族群等之權利；以及發展權，與性別平等、婦女賦權和跨世代衡平等的義務，
>
> 　認識到必須酌情保育和加強《公約》所述的溫室氣體的匯和庫，
>
> 　注意到必須確保包括海洋在內的所有生態系統的完整性，保護被有些文化認作大地母親的生物多樣性，並注意到針對氣候變遷採取行動時關於某些"氣候正義" 概念的重要性，
>
> 　申明必須就本協定所涵蓋事項在各階層展開教育、訓練、公眾認知，公眾參與和公眾接取資訊以及合作的重要性，
>
> 　認識到依據締約方各自的國內立法，使各層級政府和各行為者參與處理氣候變遷的重要性，
>
> 　進一步認識到在已開發國家締約方帶領下的永續生活方式及其永續消費和生產模式，在對應氣候變遷上所居重要地位，

　　一般而言，前言的功能係協助各方對於協定本身內容之理解及解釋條文之用，前言各項提及「共同但有區分的責任」、「科學證據」、「環境教育」、「低度開發國家之需求」及「氣候正義及人權」等相關概念，皆可作為解釋條文本身之基本原則。值得注意的是，在談判過程中，許多締約方及非政府組織強烈要求於《巴黎協定》前言納入「氣候正義及人權」之內涵，也就是最終在前言第 11 項以表列的方式呈現之相關規定，強調各國應在採取行動時注意到相關人權之保護。

　　雖然仍有批評表示前言之人權內涵僅要求各國被動於進行氣候行動時注意人權保護，未能以更積極的角度去要求各國應該主動預防氣候變遷所可能造成之侵害人權的情況，並應規定各國在 NDC 中必須提及氣候人權之積極保障行動，顯見《巴黎協定》整體而言對於人權保障仍尚嫌不足[102]。

---

102 Office of the High Commissioner for Human Rights, Submission to the 21st Conference of the UNFCCC,

　　然而，國際談判需經過各國漫長的協商，非一蹴可及，以人權保護的角度而言，《巴黎協定》雖非完美，但卻仍因前言納入人權相關意涵，使得各項條文所架構出來之相關機制，能原則上按照此人權精神運作，於國際人權保護上仍不失為一大進展。

4.2.2 第二條：《巴黎協定》之目標

> **第二條**
>
> 1.　本協定在加強《公約》，包括其目標的執行方面，旨在聯繫永續發展和消除貧困的努力，加強對氣候變遷威脅的全球應對，包括：
>
> 　　(a)　把全球平均氣溫升幅控制在相當低於工業化前水準 2°C 之內，並努力將氣溫升幅限制在低於工業化前水準 1.5°C 之內，同時認識到這將大幅大減少氣候變遷的風險和影響；
>
> 　　(b)　提高因應氣候變遷不利影響的調適能力，並以不威脅糧食生產的方式增強氣候韌性和溫室氣體低排放發展；
>
> 　　(c)　使資金流向符合邁向溫室氣體低排放和氣候韌性發展的路徑。
>
> 2.　本協定的執行將按照不同的國情，反映衡平以及共同但有區別的責任和各自能力的原則。

　　按《巴黎協定》第 2 條之條文規範，主要可區分為第 2 條 1 項（a）款之「減緩行動之全球升溫限制目標」、第 2 條 1 項（b）款之「調適行動之重要性及糧食安全」、第 2 條 1 項（c）款之「氣候資金的發展方向」及第 2 條 2 項之「共同但有區別的責任和各自能力」等四項：

　　首先，有關第 2 條 1 項（a）款「減緩行動之全球升溫限制目標」之規定，各締約方早在 2010 年《氣候公約》第 16 屆締約方大會（COP16）對於「將暖

---

available at ＜ https://www.ohchr.org/Documents/Issues/ClimateChange/COP21.pdf ＞ （accessed 10 April 2021）

化溫度限制為相較於工業化前水準 2 度以內」之目標即有共識。同時也決議進行定期審查，以確保依據《氣候公約》之全球長期目標具妥當性，追蹤全球長期目標的全體進度，包括就《氣候公約》下承諾之履行[103]。《巴黎協定》原則上採納 IPCC AR5 的報告，將全球升溫的上限訂於工業化前水準 2 度以內，並希望各締約方能夠努力將該目標再提升到 1.5 度以內，以大幅減少氣候變遷所可能產生之風險與影響。

然而，依據「聯合國環境規劃署」（UNEP）針對各國第一版 NDC 所製作的排放落差報告[104]，以及截至 2021 年初各國所提交之更新版 NDC 看來[105]，各國減緩排放之現況及承諾減排量之總和，仍無法達成《巴黎協定》條文規定限制升溫攝氏 2 度之目標，更遑論提升至限制升溫攝氏 1.5 度。因此，在 2021 年的《氣候公約》第 26 屆締約方大會（COP26）前，各締約方仍被呼籲提高其目標上之企圖心，並採取更進一步的行動。

其次，《巴黎協定》除了將減緩目標再次確認之外，亦考量到長期全球投入減緩行動之資源與調適行動所獲得之資源顯有落差，因此，藉由第 2 條 1 項（b）款向各國宣示「調適行動」之同等重要性，並同時希望締約方在增強氣候韌性和發展低排放行動之同時，能夠考量對糧食之經濟生產對人類之重要性，意即兼顧發展基本民生經濟發展之影響，避免全球因氣候變遷行動而陷入糧食危機之可能性。

第三部份，就「氣候資金的發展方向」而言，《巴黎協定》第 2 條 1 項（c）款與同條（b）款相同，皆強調資金流向往氣候韌性與低排放發展之用，亦與《氣候公約》所規範的內涵相似。氣候財務機制的整體目標，原則上就是使已開發

---

[103] UNFCCC, Periodic Review, available at < https://unfccc.int/topics/science/workstreams/periodic-review >（accessed 10 April 2021）

[104] UN Environment, 'The Emissions Gap Report 2017', *A UN Environment Synthesis Report*, available at < https://wedocs.unep.org/bitstream/handle/20.500.11822/22070/EGR_2017.pdf?sequence=1&isAllowed=y >（accessed 10 April 2021）

[105] UNFCCC, NDC Synthesis Report, 21 Feb, 2021, available at < https://unfccc.int/process-and-meetings/the-paris-agreement/nationally-determined-contributions-ndcs/nationally-determined-contributions-ndcs/ndc-synthesis-report#eq-9 >（accessed 10 April 2021）

國家之資金能夠有效的流向開發中國家，相關規範細節將於第 9 條氣候財務專有條文中另作討論。

第四部份，除了在前言第三段中，本條第 2 項再次強調氣候公約中「共同但有區別的責任和各自能力」（CBDRRC）的原則，並同時聚焦在「衡平性」（equity）上。其中值得注意的是，本條文除了提到《巴黎協定》之落實，除應繼續按照「共同但有區別的責任」和各自能力原則，也同時必須考量到「各國國情不同」（in light of different national circumstances），給予開發中國家針對後續落實行動，有更多彈性的解釋空間。

4.2.3 第三條和第四條：NDC 與減緩

第三條

作為全球因應氣候變遷的國家自定貢獻，所有締約方將承諾並通報第四條、第七條、第九條、第十條、第十一條和第十三條所界定的有企圖心之努力，以落實本協定第二條所述的目的。所有締約方的努力將隨著時間的推移而逐漸增加，同時認識到需要支援開發中國家締約方，以利本協定的有效執行。

第四條

1. 為了落實第二條規定的長期氣溫目標，締約方意在儘快達到溫室氣體排放的全球峰值，同時認識到達峰值對開發中國家締約方來說需要更長的時間；締約方並承諾達峰後援用既有最佳科技迅速減量，藉以聯繫永續發展和消除貧困，並在衡平的基礎上，於本世紀下半葉實現溫室氣體源的人為排放與匯的消除之間的平衡。

2. 各締約方應編制、通報並保持它預期實現的下一期國家自定貢獻。締約方應採取國內減緩措施，以落實該貢獻的目標。

3. 各締約方下一期的國家自定貢獻將按不同的國情，逐步增加締約方

現有的國家自定貢獻，並反映其最大可能的企圖心，同時反映其共同但有區別的責任和各自能力。

4.　已開發國家締約方應當繼續帶領，努力實現各部門絕對減量目標。開發中國家締約方應當繼續加強它們的減緩努力，並鼓勵它們根據不同的國情，逐漸實現各部門絕對減量或排放限制目標。

5.　應向開發中國家締約方提供協助，以根據本協定第九條、第十條和第十一條執行本條，同時認識到提升對開發中國家締約方的協助，將能夠提高它們在行動上之企圖心。

6.　低度開發國家和小島嶼開發中國家可編制和通報用以反映它們特殊情況的溫室氣體低排放發展策略、規劃和行動。

7.　從締約方的調適行動且/或經濟多樣化計畫中獲得的減緩共同利益，能促進本條所述減緩成果。

8.　在通報國家自定貢獻時，為利於清晰、透明及瞭解，所有締約方應根據第 1/CP.21 號決議和作為《巴黎協定》締約方會議之《公約》締約方大會的任何有關決議提供必要的資訊。

9.　各締約方應根據第 1/CP.21 號決議和作為《巴黎協定》締約方會議之《公約》締約方大會的任何有關決議，並參照第十四條所述的全球盤點的結果，每五年通報一次國家自定貢獻。

10.　作為《巴黎協定》締約方會議之《公約》締約方大會應在第一屆會議上考量國家自定貢獻的共同期程。

11.　締約方可根據作為《巴黎協定》締約方會議之《公約》締約方大會通過的指導， 隨時調整其現有的國家自定貢獻，以強化其企圖心水準。

12.　締約方通報的國家自定貢獻應記錄在秘書處保管的一個公共登記簿上。

13.　締約方應核算它們的國家自定貢獻。締約方在核算相當於它們國家自定貢獻中的人為排放量和消除量時，應參採《巴黎協定》締約方

會議之《公約》締約方大會所通過的指導，促進環境品質、透明度、精確性、完整性、相似性和一致性，並確保避免雙重核算。

14. 在國家自定貢獻方面，當締約方在認可和實施與人為排放和消除相關之減緩行動時，應按照本條第 13 項的規定，酌情參採《公約》所載的現有方法和指導。

15. 締約方在執行本協定時，應將其經濟受對應措施衝擊最嚴重的締約方，特別是開發中國家締約方所關注的問題納入考量。

16. 締約方，包括區域經濟整合組織及其成員國，一旦依據本條第 2 項達成採取聯合行動之協定，均應在通報國家自定貢獻時，將該協定的條款通知秘書處，包括相關期程內分配予各締約方的排放量。秘書處應將上開協定的條款通知《公約》的締約方和簽署方。

17. 就前揭第 16 項提及的協定，其締約方應按本條第 13 項和第 14 項以及第十三條和第十五條之規定，就該協定所之擬定的排放標準負責。

18. 如果締約方在其本身亦屬本協定的締約方經濟整合組織的架構下，與該組織一起參與聯合行動，該組織之成員國及該組織均應依據本條第 16 項協定所擬定、並依據本條第 13 項和第 14 項以及第十三條和第十五條，所提出通訊載明之排放標準負責。

所有締約方應積極擬定並通報長期溫室氣體低排放發展策略，同時慮及第二條之規定， 應參採依不同國情下，其共同但有區別的責任和各自能力。

《巴黎協定》第 3 條和第 4 條規範了締約方國家之 NDC，由於各締約方所提交之 NDC 將會直接影響到第 2 條長期目標之達成，故第 3 條進一步要求締約方要不斷更新且提升各自在氣候行動上的企圖心，並希望各締約方為了讓《巴黎協定》能有效執行，對開發中國家締約方進行援助。

　　首先，《巴黎協定》第 4 條第 1 項同時再次強調了本協定之目標，提到各締約方應儘快達到溫室氣體排放的全球峰值，認知到開發中國家締約方在這方面的進度可能不如已開發國家締約方，希望在 2050 年後能夠達成溫室氣體之「源的人為排放」與「匯的消除」之間的平衡（balance between anthropogenic emissions by soruces and removals by sinks of GHG）。換句話說，也就是設定 2050 年能夠達到「淨零碳排」（Net zero carbon emission）之目標，要求各國於 2050 年前致力於減少人為碳排，同時以植林和海洋科技等進行碳匯的吸收，或以碳補存（Carbon Capture and Storage, CCS）之技術進行移除排放碳量，最終達成「淨零碳排」或稱「碳中和」之目標。截至 2021 年約有包含英國、法國、紐西蘭、中國、日本、韓國等 130 餘國已宣示、立法或納入「淨零碳排」政策[106]

　　《巴黎協定》之法律拘束力多數體現於減緩項目，其第 4 條第 2 項規定各締約方對 NDC 的準備、提交和維持，以及用以達成 NDC 目標之國內行動的推行，確立了各締約方具有法律拘束力的承諾。進一步分析條文內容可以發現，該條特別使用「各」締約方（Each Party）而非「締約方」（Each）作為主體，可謂要求強調單一國家皆應（Shall）有提交 NDC 之義務承擔。然而，針對條文中是否有具有約束力，要求各國必須確實完成自我提交 NDC，仍有爭議，在談判過程中美國、中國及印度等排放大國皆持反對立場，因此條文仍留有各國「預期實現」（intends to achieve）NDC 及「採取目標」（with the aim of）等字句，留給各國嗣後於檢審實踐 NDC 結果是否符合義務承諾之彈性解釋空間。雖該項最後在國際政治之影響下，未能擴大各國義務至 NDC 實踐結果之保證，卻也不失各國在此項內容直接承諾將會以「善意之行動」（act in good faith）確保其 NDC 之後續執行。

　　第 4 條第 3 項揭示了對於各國將持續以新版 NDC 來增強各項氣候行動之決心，但由於該條文明確使用「will」而非「shall」，因此也被認定為不具法律拘束力之目標，而較為傾向對於未來目標得以持續推展的「期待」。而未來期

---

[106] Energy & Climate Intelligence Unit, Net Zero Tracker, available at < https://eciu.net/netzerotracker > （accessed 10 April 2021）

盼之進展目標規範於第 4 條第 4 項，應由已開發國家締約方實現各部門絕對減量目標，相對於開發中國家而言，可根據不同的國情，逐漸實現各部門絕對減量或排放限制目標。[107]進一步分析可以發現，該兩項條文作為對於未來目標的期許，是否持續對於各項行動目標推展更具企圖心的 NDC，採取較為彈性的認定方式，交由各國決定，也再次反映出《巴黎協定》採取「由下而上」原則，以自主考量區分（Self-differentiation）進行 NDC 之落實。

為了確保各國 NDC 的持續推展，第 4 條第 9 項及其後第 14 條皆規定各締約方每 5 年應再次提交一次 NDC 之義務，以重新審視相關情境並提供必要之資訊以確保明確性和透明度。同時，為了讓各締約方有更高的企圖心，NDC 中應呈現相較於前期 NDC 之進展，並反映出其可能達成之更高的企圖心，此原則又被稱作為「企圖心循環」（ambition cycle）。在第一輪提交 NDC 後仍大幅落後設定目標的情況下[108]，藉由此原則持續提高各國之企圖心更顯重要。

此外，第 4 條第 12 項，為使各締約方國家所提出之 NDC 能透過公開之方式具有透明性，其所提出之 NDC 應被記錄於秘書處所設立的公共登記簿上，目前正式的公共登記簿仍然在規劃中，故各締約方現所提交之 NDC 是被登記於暫時之公共登記簿上。2018 年締約方針對 NDC 通報的國家登記簿（Public registry）達成了共識，各國同意在既有的臨時登記簿（interim portal）的基礎下製作國家登記簿，並保留了臨時登記表的搜尋的功能。

第 4 條第 8 項第 9 項前段賦予《巴黎協定》締約方大會（CMA）可以針對 NDC 相關事項制定具有法律拘束力的決議，然而實際上 CMA 對於此規定採取較為保守的態度，仍傾向於向締約方提供指導（guidance）而非直接產生具有拘束力決議。相同之原則可見諸於第 4 條第 13 項，有關各締約方 NDC 在核算時可能有重複計算的問題，該項規定《巴黎協定》CMA 應通過一份核算之「指導」，以確保實際排放量計算上的透明度、精確性、完整性和一致性，進而達

---

[107] UNFCCC, Nationally Determined Contributions, available at < https://unfccc.int/process-and-meetings/the-paris-agreement/nationally-determined-contributions-ndcs/nationally-determined-contributions-ndcs > （accessed 10 May 2021）

[108] UNFCCC, Synthesis Report on the Aggregate Effect of the INDC, October 2015, FCCC/CP/1015/7

到避免重複計算的效果。若以此兩項條文之架構做整體解讀，及目前 CMA 之實際操作情形，可以推論出未來 CMA 對於 NDC 之相關決議將仍會偏向以指導為原則。

另外，有關第 4 條第 13 項排放計算之最新發展及爭議，在 2018 年第 24 屆締約方大會（COP24）各國同意將會使用 IPCC 最新的排放計算指導，但在計算規則（accounting rules）上，根據 2018 年所通過的「卡托維茲包裹決議」（Katowice Climate Package），其用語允許各國可以採用「適合國家的方法（nationally appropriate methods）」來通報 NDC，而不是僅遵循「有科學依據的方法」。有論者指出，此部分這可能會使特定國家或地區的排放變得過於樂觀，並導致 NDC 在環境完整性（environmental integrity）方面的疑慮。

最後，由於條文中並未明確規定 NDC 之時程，因此現階段各國的 NDC 所涵蓋之時程長短不一，部分國家 NDC 規劃 5 年行動承諾，有些則為 10 年。各國同意將在 2031 年以後建立 NDC 承諾期間的共同時間表（Common timeframe），將進一步討論共同時間表與各國 NDC 承諾期間的問題。目前對於 NDC 承諾期間的爭議主要分為「5 年一期」與「10 年一期」。俄羅斯、日本等國家希望能制訂 10 年為一期的 NDC，而巴西等國則希望能以較短的期間，讓 NDC 承諾可以隨著技術成本，以及集體企圖心與全球氣候長期目標之間的落差進行更新。目前《氣候公約》第 24 屆締約方大會（COP24）僅決定自 2031 年開始讓各締約方的 NDC 承諾期間變為一致，而 2019 年的第 25 屆締約方大會（COP25）仍尚未對於 NDC 承諾期間並未達成協議，仍留待後續協商。

4.2.4 第六條：國際間可轉讓減緩成果（ITMOs）及非市場方法

第六條

1. 締約方認識到，有些締約方選擇藉由自願合作以落實其國家自定貢獻、提高其減緩和調適行動的企圖心，以及促進永續發展和環境品質。

2. 締約方如果在自願的基礎上採取合作方法，並使用國際轉讓的減緩成果來實現國家自定貢獻，就應促進永續發展，確保環境品質和透明度，治理亦包括在內；並應運用穩健的核算，以主要依作為《巴黎協定》締約方會議之《公約》締約方大會通過的指導，確保避免重複計算。

3. 使用國際間可轉讓減緩成果來實現本協定下的國家自定貢獻，應本諸自願，並獲得到參與締約方之授權。

4. 於作為本協定締約方會議之《公約》締約方大會的授權和指導下，建立一項機制，供締約方自願使用，致力於減緩溫室氣體排放，並支持永續發展。該機制應接受作為本協定締約方會議之《公約》締約方大會指定機構之監督，用以：

   (a) 促進減緩溫室氣體排放，同時促進永續發展；

   (b) 激勵和促進締約方授權下的公私實體參與減緩溫室氣體排放；

   (c) 致力於地主國締約方減少排放量，使之從減緩活動所衍生之減量中受益，而此種減量成果亦可被另一締約方用來履行其國家自定貢獻；

   (d) 實現全球排放的全面減緩。

5. 本條第 4 項所述機制產生的減量，若被另一締約方納入作為其國家自定貢獻之成果，則不應再被地主國締約方作為同目的之使用。

6. 作為本協定締約方會議之《公約》締約方大會，應確保本條第 4 項所述機制下之活動所產生的一部分收益用於負擔行政開支，以及協

助對氣候變遷不利影響特別脆弱的開發中國家締約方支應調適成本。

7. 作為本協定締約方會議之《公約》締約方大會應在第一屆大會上通過本條第 4 項所述機制的規則、模式和程序。

8. 締約方認識到，在永續發展和消除貧困方面，必須以協調和有效的方式向締約方提供綜合、整體和平衡的非市場方法，包括主要透過適當的減緩、調適、融資、技術移轉和能力建制之有效協調措施，以協助執行其國家自定貢獻。這些措施應用以：

（a）　促進減緩和調適之企圖心；

（b）　加強公私部門於執行國家自定貢獻之參與；

（c）　創造跨越不同工具與相關制度安排間協力的機會。

9. 茲確立一個本條第 8 項提及的永續發展所謂非市場方法的架構，以推廣非市場方法。

京都機制之「清潔發展機制」（CDM）等各種市場方法一直被視為《京都議定書》的核心機制，但卻長期被開發中國家及 NGO 批評成效不彰，甚至降低已開發國家進行實質減量之意願。因此，在《巴黎協定》進行談判的過程中，雖然多數國家在繳交 INDC 時，亦以規劃市場機制來達成承諾目標，然而新的協定中是否該納入市場機制及機制之內涵，卻不斷產生許多爭議，甚有部分國家始終抱持反對立場。[109]

經過各國協商折衝，有關「市場機制」的規定，《巴黎協定》第 6 條並未直接明確使用「市場」（market）一詞，同時在第 6 條第 8 項亦加入了「非市場」（non-market）機制的概念，以軟化「市場機制」一詞所給人的負面形象，並化解部分開發中國家對於市場機制所抱持之疑慮。具體而言，從第 6 條第 1 項及第 3 項敘述該機制原則中可以得知，第 6 條將主要目標設定為增加減量及調適行動之企圖心，並對於環境永續具有實質貢獻，藉此緩減「市場機制」長

---

[109] Daniel Bodansky, Jutta B. and Lavanya R., International Climate Change Law, Oxford Press, 2019, p.236;

期被批評無法真正改善環境之負面效果，同時僅以各締約方「自願合作」（voluntary cooperation）之方式，來達成 NDC 之各項目標，也代表各締約方可彈性自由選擇是否參與本條相關機制。

申言之，第 6 條以「市場為基礎」（market based）的機制，主要包含第 2 項的「國際間可轉讓減緩成果」（International Transferred Mitigation Outcomes, ITMOs；下稱 ITMO）和第 4 項之「永續發展機制」（Sustainable Development Mechanism, SDM；下稱 SDM）。首先，第 6 條第 2 項規定在各締約方間自願合作情況下，《巴黎協定》為 ITMOs 首先設定數項原則，包括環境品質（完整性）、透明度和健全的核算，使締約方國家間針對各自 NDC 中之超額減量獲得額度並進行交易，包含發展再生能源之減量等，以此取得其他締約方國家的 ITMOs 來實現自身減量不足之 NDC 承諾，創造了締約方之間雙邊合作的機會，同時促使各締約方以更多元方式完成減量承諾並達成設立更高企圖心之目標。該項同時也強調 ITMOs 的轉讓需避免重複計算（avoidance of double counting），一但被記入一方之減量成果，則不能再供另一方使用；這也包括了國際間排放交易制度所帶來的 ITMOs 交換。

其次，第 6 條第 4 項之 SDM 將由一個集中管理減量額度（Emission Credit）之 UN 單位進行監管，該運作機制與《京都議定書》的清潔發展機制（CDM）原理相似，藉由協助其他國家進行減緩行動以換取減量抵換（offset）。其中較為特別是，SDM 不再受限於單一計畫型（project-based）的行動，而是擴大至各項減緩政策及項目之合作，案件實施亦不限於開發中國家，同時可以於開發中國家及已開發國家中進行，但必須受到《巴黎協定》締約方大會（CMA）指定單位之監督。初次轉移的「成果」需由地主國轉移回主持國，暫稱該「成果」為「A6.4ER」，完成轉移後的「成果」即成為 ITMOs 可進行註銷或是準備再次轉移。另外，第 6 條第 4 項除了包含市場機制之外，由於亦規定將 SDM 機制的部分活動收益，用於氣候變遷脆弱度高之開發中國家的調適活動上，同時也將部分資源導入將非市場方法的框架中。

第 6 條第 2 項的 ITMO 和第 6 條第 4 項的 SDM 普遍被視為「市場機制」，

而與第 6 條第 8 項則為「非市場機制」。第 6 條第 8 項的規定，除了減少部分開發中國家對於市場機制的不信任，亦試圖跳脫《京都議定書》之僅運用市場機制的路線，從而以不同的角度讓各締約方進行合作，例如以國際援助（international aid）的方式進行減量，這部分的發展仍有待未來「非市場機制方法之架構」（framework for non-market-based approaches）的持續討論[110]。

截至 2019 年《氣候公約》第 25 屆締約方大會（COP25）結束後，《巴黎協定》第 6 條現仍必須解決的問題有「京都機制」過渡（Kyoto transition）及「重複計算」（double counting）兩大問題。在「京都機制」過渡的部分，主要探討「京都機制」是否能在《巴黎協定》的框架下繼續沿用，意即在《巴黎協定》第 6 條的機制是否要繼續採用「京都機制」如 CDM 所制定之抵換模式及方法，又或是否允許 CDM 所產生之「減量單位」（Mitigation Unit）繼續沿用至《巴黎協定》相關機制？尤以《京都議定書》的期程僅至 2020 年底，而《巴黎協定》則自 2021 年始運作，不同階段的責任與義務是否得以承接，仍須取得法定的授權。申言之，根據《京都議定書》所產生之碳抵換單位可區分為兩種：「清潔發展機制」（CDM）所產生的「認證減額度（CERs）」及《京都議定書》給予已開發國家的碳排放「配額單位」（AAUs）。對於 CERs 及 AAUs 是否繼續沿用，有二派不同見解：

---

[110] Federal Ministry for the Environment, Nature Conservation and Nuclear Safety （BMU）, Germany, Cooperative action under Article 6, available at ＜http://www.carbon-mechanisms.de/en/introduction/the-paris-agreement-and-article-6/＞ （accessed 10 April 2021）

表 1

CERs	支持沿用國家	許多公司已善意投資，不得轉換將造成巨大虧損。
	拒絕沿用國家	歐盟等國家認為 CERs 將會讓過去所實現的減排量被用於實現未來國家的減排義務，對於整體全球暖化控制的長期目標而言，沒有實質助益。
AAUs	支持沿用國家	澳洲直接表明希望能將 AAUs 用於實現巴黎協議之氣候承諾中。
	拒絕沿用國家	有論者認為，若同意將造成 2030 年的減排目標被大幅度削弱。

資料來源：Andrew Hedges [111]

　　最後在 COP25 會議協商的過程中所被提出之《巴黎協定》規則書的最終版本草案，目前雖允許於《巴黎協定》架構中繼續使用 CERs，但仍訂有期限限制，僅同意特定時期後所產生之 CERs 可使用（註：特定時期尚未決定，亦即須待協議完成後 CERs 才會真正被允許使用）。AAUs 部分草案則並未有任何提及。

　　另為處理「重複計算」之議題，在 2019 年《氣候公約》第 25 屆締約方大會（COP25）上提出了「相應調整（Corresponding adjustments）」的概念，即當一締約方將自身之「排放減量」賣出予另一締約方時，該賣出方必須依此調整其排放量。也就是說，當賣方賣出自身之「排放減量」後，其必須調高其在 NDC 下的減排目標；相對的，買方在買入他方之「排放減量」後，則可調降其在 NDC 下的減排目標。此外，避免「重複計算」之所以困難，亦可歸於各國的 NDC 性質多元，不僅涵蓋了不同的時間範圍（部分國家為 5 年調整一次，部分為 10 年，有的可每年調整），且在各別經濟中，不一定涵蓋了全部的部門及溫

---

[111] Andrew Hedges, 'CERs ERUs and the expiry of the first commitment period - carry-over issues', avaliable at: < https://www.nortonrosefulbright.com/en/knowledge/publications/4e4be761/cers-erus-and-the-expiry-of-the-first-commitment-period---carry-over-issues > （accessed 10 April 2021）

室氣體，故出現了如何計算各國間不同種類 NDC 的交易的技術性問題。有些國家排放預算可能橫跨多年，然有些國家則會瞄準特定階段，將其做為單一年度目標。因此若計算不恰當導致重複計算，將可能讓各國可以藉著此條在沒有確實履行減排的情況下達到該年度的目標。

4.2.5 第七條：調適

第七條

1. 締約方茲確立關於提高調適能力、加強韌性和減少對氣候變遷脆弱度的全球調適目標，以促進永續發展，並確保對第二條所述之氣溫目標採取適當的調適對策。

2. 締約方認知到，調適是各方皆面臨之全球挑戰，具有地方、次國家、國家、區域和國際等面向，為保護人民、生計和生態系統而採取的氣候變遷長期全球因應措施的關鍵組成部分，同時也要考慮到對氣候變遷不利影響特別脆弱的開發中國家迫在眉睫的需求。

3. 應依據作為本協定締約方會議之《公約》締約方大會之第一屆會議所通過之模式式，承認開發中國家的調適努力。

4. 締約方認知到，當前的調適需求很大，提高減緩水準能減少額外調適努力之需求，增加調適需求可能會增加調適成本。

5. 締約方承認，調適行動應當遵循一種國家驅動、回應性別議題、具參與性和充分透明度之方法，同時考量到脆弱群體、社區和生態系統，並應基於且遵循現有的最佳科學知識，及適當的傳統知識、原住民知識和地方知識系統，以期適當地將調適納入相關的社會經濟與環境政策行動之中。

6. 締約方認知調適作為之援助和國際合作的重要性，以及參採開發中國家締約方需求之重要性，特別是對氣候變遷不利影響下特別脆弱的開發中國家。

7. 締約方應提高其加強調適行動方面之合作,同時考量《坎昆調適架構》,應包含:

(a) 交流資訊、良好做法、獲得的經驗和教訓,適當地涵括有關調適行動方面的科學、規劃、政策和執行;

(b) 加強制度性安排,包括《公約》下服務於本協定的制度性安排,以支援整合相關資訊和知識,並為締約方提供技術協助與指導;

(c) 加強關於氣候的科學知識,包括研究、對氣候系統的系統觀測和預警系統,以便為氣候服務提供參考,並支援決策;

(d) 協助開發中國家締約方確定有效的調適做法、調適需求、優先事項、為適應行動和努力提供和得到的支助、挑戰和差距,其方式應符合鼓勵良好做法;

(e) 提高調適行動的有效性和持久性。

8. 鼓勵聯合國專門組織和機構支持締約方努力執行本條第 7 項所述的行動,同時考慮到本條第 5 項的規定。

9. 各締約方應適當投入調適規劃期程並採取各種行動,包括制訂或加強相關的計劃、政策與/或貢獻,其中得包括:

(a) 落實調適行動、任務和/或努力;

(b) 關於制訂和執行國家調適計畫的程序;

(c) 評估氣候變遷影響和脆弱度,以擬訂國家制定的優先行動,同時考量處於脆弱地位的人民、地方和生態系統;

(d) 監測和評價調適計畫、政策、方案和行動並從中學習;

(e) 建設社會經濟和生態系統的韌性,包括通過經濟多樣化和自然資源的永續管理。

10. 各締約方應酌情定期提交和更新一項調適通訊,其中可包括其優先事項、執行和支援需求、規劃和行動,同時不對開發中國家締約方造成額外負擔。

11. 本條第 10 項所述調適通訊應酌情定期提交和更新，納入或結合其他通訊或文件提交，其中包括國家調適計劃、第四條第 2 項所述的一項國家自定貢獻和/或一項國家通訊。

12. 本條第 10 款所述的調適通訊應記錄在一個由秘書處保持的公共登記簿上。

13. 根據本協定第九條、第十條和第十一條的規定，開發中國家締約方在執行本條第 7 項、第 9 項、第 10 項和第 11 項時應得到持續和強化之國際支援。

14. 第十四條所述的全球盤點應包括：

    (a) 承認開發中國家締約方的調適努力；

    (b) 加強履行調適活動，同時考量本條第 10 項所述的調適通訊；

    (c) 審查調適的適切性和有效性以及對調適提供的支援情況；

    (d) 審查在達到本條第 1 項所述之全球調適目標上所獲得之整體進展。

　　在《巴黎協定》協商階段，開發中國家業已強力要求要將調適納入協定中，但部分國家考量到投入調適行動的資源難以產生直接回報，多數情況僅受援國獲得利益，故各國尤其是已開發國家投入調適行動之意願普遍較低。[112]因此，最終《巴黎協定》所反映出調適行動之具體規範亦顯不足，且多數條文僅為描述性的文句，如第 7 條第 2 項「認知調適是各方皆面臨之全球挑戰」或第 7 條第 5 項「締約方承認調適行動應當遵循一種國家驅動」等相關敘述，實未有如減緩行動之具體行動的國際機制。

　　然而，即便第 7 條缺乏如同減緩行動的具體行動項目，但條文仍明確建立了調適的全球目標，包含加強調適能力、強化氣候韌性及降低氣候變遷脆弱度，並期盼透過援助和國際合作具體強化國家調適努力。同時，藉由第 7 條各國再次確認，調適是全球的共同挑戰，所有締約方皆應訂立調適計畫，並期待各締

---

[112] Daniel Bodansky, Jutta B. and Lavanya R., International Climate Change Law, Oxford Press, 2019, p.237

聯合國氣候變化綱要公約與巴黎協定

約方能定期提交更新之調適通訊，據此開發中國家能在調適行動上將獲得援助。

　　以具體條文而言，第 7 條作為調適之規定，第 7 條第 1 項確立了全球的調適目標並呼應《巴黎協定》第 2 條的長期目標，意及提高調適能力、加強韌性、減少對氣候變遷脆弱度及促進永續發展。為達成此《巴黎協定》調適目標，第 7 條主要要求各締約方制定執行調適計畫（第 9 項）、調適通訊（第 10 項）、承認支援開發中國家締約方調適行動（第 13、14 項）。

　　依據第 7 條第 9 項之規定，目前約有八成以上國家所繳交的 NDC 中，包含調適相關行動，《巴黎協定》為了確實瞭解締約方調適行動的據實進行，並鼓勵締約方間在調適行動的合作，第 7 條第 10 項鼓勵各締約方提交定期「調適通訊」，以概述其調適需求與努力，增強其透明度。同時建立「調適委員會」，考量如何認可開發中國家的調適努力，以及如何定期評估這些調適努力，包含支援的適當性與有效性。此外，由於第 7 條第 10 項和第 11 項要求定期各國繳交「調適通訊」，並把此通訊紀錄在公共登記簿之上，此部分將相同連結到《巴黎協定》第 13 條透明度和第 14 條全球盤點，成為全球盤點審查內容之一部分。

4.2.6 第八條：損失與損害

> **第八條**
>
> 1. 締約方認識到避免、儘量減輕和處理氣候變遷（包括極端氣候事件和緩發事件）不利影響相關的損失和損害的重要性，以及永續發展對於減少損失和損害的作用。
>
> 2. 氣候變遷影響相關損失和損害華沙國際機制應受作為本協定締約方會議的《公約》締約方大會的領導和指導，並由作為本協定締約方會議的《公約》締約方大會決議予以加強。
>
> 3. 締約方應當在合作和提供便利的基礎上，包括酌情透過華沙國際機制，在氣候變遷不利影響所涉損失和損害方面加強理解、行動和支援。
>
> 4. 據此，為加強理解、行動和支持而展開合作和提供便利的領域包括以下方面：
>   (a)　預警系統；
>   (b)　緊急應變；
>   (c)　緩發事件；
>   (d)　可能涉及不可逆轉和永久性損失和損害之事件；
>   (e)　綜合性風險評估和管理；
>   (f)　風險保險機構，氣候風險分擔和其他保險方案；
>   (g)　非經濟損失；
>   (h)　社區、營生和生態系統之韌性。
>
> 5. 華沙國際機制應與本協定下現有機構、專家小組以及本協定以外的有關組織和專家機構合作。

　　《巴黎協定》於第 8 條中規範「損失與損害」的相關機制，具有指標性的意義，一方面將易受氣候變遷損害國家所長期堅持的原則納入協定架構中，一

方面也確立該原則為獨立機制，將不隸屬於調適行動架構中。

　　具體而言，在第 8 條第 2 項中規定《巴黎協定》中的「損失與損害」將繼承《氣候公約》第 19 次締約方大會中擬定的「華沙國際機制」。第 8 條第 4 項則列舉出「損失與損害」的八種領域，締約方應加強這方面的理解、行動和支援，第 5 項則規定「華沙國際機制」應與《巴黎協定》下之機構以及《巴黎協定》以外之組織進行合作。

　　藉由「損失與損害」原則，開發中國家希望已開發國家能加強行動及支援，如更多技術轉移或能力建構等，幫助其處理氣候變遷不利影響所造成之不可回復的損害，其中最關鍵的部分在於援助資金是否到位及相關運用是否有效率。而「綠色氣候基金」（GCF）作為主要國際財務機構，為該原則建置了新的合作管道，並成立專家小組考量損失與損害支援事宜，但由於美國仍對於此原則持高度保留之態度，長期堅持「損失與損害」原則不能致生任何「義務及補償」（Liability or Compensation）的效果，[113]也直接導致目前針對各項行動及籌資等決議，文字上也僅使用「督促」二字，導致「損失與損害」原則不論在談判執行層面，抑或是籌資進度上都略顯遲緩。

　　此外，有關於資金取得的部分，由於開發中國家在等待取得 GEF 的資金之程序過於漫長，對於立即性災難所形成之「損失與損害」常無法立刻反應及援助紓困，故易受氣候影響之脆弱國家一直以來強烈要求各締約方能授權「華沙國際機制」研究籌集新的「損失與損害」資金來源的方法。然而，截至目前為止「華沙國際機制」之問題並未能確實於 2019 年最後一次《氣候公約》締約方大會（COP25）獲得解決。

---

[113]　UNFCCC, Warsaw Decision, FCCC/CP/2013/10/Add.1, January 2014, para 51, at < https://unfccc.int/sites/default/files/resource/docs/2013/cop19/eng/10a01.pdf > （accessed 10 April 2021）

4.2.7 第九條：財務機制

第九條

1. 已開發國家締約方應就協助開發中國家延續其在《公約》現有減緩和調適之義務提供資金。

2. 鼓勵其他締約方自願提供或繼續提供這種支助。

3. 作為全球努力的一部分，已開發國家締約方應繼續帶領，從各種大量來源、手段及管道調動氣候資金，同時注意到公共基金通過採取各種行動，包括支持國家驅動策略而發揮的重要作用，並考慮開發中國家締約方的需要和優先事項。對氣候資金的這一調動應當逐步超過先前的努力。

4. 提供規模更大的資金資源，應旨在實現調適與減緩之間的平衡，同時考慮國家驅動策略以及開發中國家締約方的優先事項和需要，尤其是那些對氣候變遷不利影響特別脆弱和受到嚴重的能力限制的開發中國家締約方，如低度開發國家，小島嶼開發中國家的優先事項和需要，同時也考慮為調適提供公共資源和基於贈款的資源的需要。

5. 已開發國家締約方應適當根據情況，每兩年對與本條第 1 項和第 3 項相關的指示性定量定性資訊進行通報，包括向開發中國家締約方提供的公共財政資源方面可獲得的預測水準。鼓勵其他提供資源的締約方也自願每兩年通報一次這種資訊。

6. 第十四條所述的全球盤點應考慮已開發國家締約方和/或本協定的機構提供的關於氣候資金所涉努力方面的有關資訊。

7. 根據第十三條第 13 款的規定，已開發國家締約方應按照作為《巴黎協定》締約方會議的《公約》締約方會議第一屆會議通過的模式、程序和指南，就透過公共干預措施向開發中國家提供和調動支助的情況，每兩年提供透明一致的資訊。鼓勵其他締約方也這樣做。

> 8.　《公約》的資金機制，包括其經營實體，應作為本協定的資金機制。
>
> 9.　為本協定服務的機構，包括《公約》資金機制的經營實體，應旨在透過精簡審批程序和提供進一步準備支助開發中國家締約方，尤其是低度開發國家和小島嶼開發中國家，來確保它們在國家氣候策略和規劃方面有效地獲得資金。

第 9 條第 1 項說明財務機制的核心原則，即要求已開發國家對於開發中國家針對各項調適及減緩行動提供財務協助，作為延續《氣候公約》之義務，此乃《氣候公約》建立以來最核心的原則之一。

特別值得注意的是第 9 條第 2 項提到「鼓勵其他締約方自願提供或繼續提供財務援助」，意即在《巴黎協定》的架構下，任何有能力的國家，無論是來自開發中或已開發國家，皆可將各國資源投入氣候財務機制，此規定雖使用不具強制性的「鼓勵」（encourage）且並未提及任何具體行動，但條文本身不再持續使用傳統二分法，區別已開發國家及開發中國家之各自責任義務，於未來氣候談判朝向不再硬性區分南北國家之責任分擔，深具指標意義。

同時，第 9 條第 3 項更進一步弱化規範區分開發中及已開發國家之行動義務，並有逐步走向全球協力之概念，申明雖然已開發國家仍必須要領頭採取氣候行動，但此行動僅作為「全球努力之一部分」（part of a global effort），也就是說，除了已開發國家之外，其他國家也必須要付出行動，才能共同達成設定目標。

具體而言，依第 9 條以及 COP21 決議文「1/CP. 21」第 58 項，已開發國家締約方應為開發中締約方在減緩、調適和全球盤點工作上提供資金與準備上的協助，並由經營實體 GEF 與 GCF 執行。而有關氣候財務機制的資金總量目標，早在 2010 年的《坎昆協議》中，已開發國家締約方即承諾自 2020 年起每年共同調動 1,000 億美金以對應開發中國家的需求。而《巴黎協定》的通過後，第 9 條則再度確認了此項承諾，並呼籲建立一個具體的路線圖以達成該目標，同時同意在 2025 年前設立一個新的財務共同量化目標，每年提供至少 1,000 億

美金以上的資金。然而，如何界定何種類型的資金為「氣候資金」，條文本身並未明確說明。

　　為了提供充裕的資金，以期在 2020 年時達到每年動員 1,000 億美金的資金水準，並協助各部門在推動減緩、調適或跨領域間之行動，以促進 NDC 的執行，第 9 條將整體的資金區分為透過「公共干預」（Public Interventions）而促進公私部門資金投入的整體動員（第 9 條第 7 項）；以及《氣候公約》既有的資金機制（第 9 條第 8 項）。此處之「公共干預」是締約方針對其他締約方之來自公部門的介入所累積的資金，由於可能會涉及每年 1,000 億美金資金總額之計算，故締約方須避免與氣候行動無關之投資與資金援助被計入每年 1,000 億美金的範圍內。

　　依據第 9 條第 7 項，前述的公私部門資金動員與資金機制運作仍須符合《巴黎協定》第 13 條第 13 項當中對於透明度、MRV 的要求，以便納入全球盤點的內涵之中，就已提供之資金應提出報告，已開發國家締約方承諾會每二年提交一份報告，說明和資金的未來相關之資訊，並包括預計之「公資金水準」（levels of public finance）。此外，針對資金運用的未來方向，第 9 條第 5 項則亦要求已開發國家須自 2020 起通報預估未來可行之氣候金融，一方面強化企圖心，同時也可先準備各國國會的預算決議程序，避免遭到國內立法者之阻礙。

4.2.8 第十條：技術開發與移轉

第十條

1.　締約方分享一個共同之長期願景，亦即充分確知藉技術開發和移轉，來促進因應氣候變遷之韌性和減少溫室氣體排放之重要性。

2.　注意到技術對於在本協定下執行減緩和調適行動的重要性，並認識到當前在技術部署和推廣上之努力，締約方應強化技術開發和移轉方面的合作行動。

3.　《公約》下設立的技術機制應供作本協定之用。

4.　基於本條第 1 項所揭示之長期願景，於茲設立一個技術架構，作為該技術機制在促進和加速技術開發和移轉的加強行動，以支持本協定之執行的總體指導。

5.　加速、鼓勵和扶持創新，對於一個有效、長期的氣候變遷全球應對，以及在促進經濟增長與永續發展上，均至為關鍵。這種努力應適當的獲得援助；包括透過技術機制，以及藉《公約》財務機制，透過財務媒介，來援助研發之合作措施，以及促進開發中國家締約方接取技術，尤其是在技術週期之早期階段。

6.　應提供開發中國家締約方包括財務在內之援助，以利其執行本條之規定；包括，著眼於在支援減緩和調適之間達成平衡強化在技術週期不同階段的技術開發和移轉方面的合作行動。第十四條所示全球總結（或盤點）應參採為支持開發中國家締約方的技術開發和移轉所作努力的現有資訊。

　　針對技術項目的願景，《巴黎協定》期盼可以充分發展氣候韌性改善與溫室氣體排放降低之技術與進行技術移轉，並建立技術架構來為技術機制提供指導（overarching guidance）。因此，依據第 10 條第 4 項，預計未來將會設立一個技術架構，以此為技術機制提供方向上之指導，從而支援《巴黎協定》的履

行,並達成第 10 條第 1 項所追求的願景,即對技術發展和技術移轉達到充分確知,最終得以改善氣候韌性並減少溫室氣體之排放。目前 SBSTA 和各有關締約方正積極進行該技術架構建立之工作。

此外,由第 10 條所建構出《巴黎協定》的技術發展與移轉的相關內涵,係將先前《氣候公約》所發展的機制與組織進行完整性的統合,強調各項系統間的合作與跨制度的運作,並建構有利的技術發展環境。因此,《氣候公約》下所設立的「技術機制」(Technology Mechanism)應供《巴黎協定》所用,並納入技術架構(Technology Framework)之中(第 10 條第 3 與 4 項);同時強化《氣候公約》既有「技術機制與技術移轉架構」(Technology Transfer Framework)的功能。在巴黎協定第 10 條第 4 項及第 5 項中所述之「技術架構」與「技術創新」所需的相關協助,則將透過技術執委會(TEC),與《氣候公約》原有的「技術移轉架構」進行銜接,據以提供策略指導與資訊及障礙之鑑別。

4.2.9 第十一條:能力建構

> **第十一條**
>
> 1. 本協定下的能力建構,應當加強開發中國家締約方,特別是能力最弱之國家,如低度開發國家,以及對氣候變遷不利影響特別脆弱的國家,如小島嶼開發中國家等的能力,以利其採取有效的氣候變遷行動;其中特別包括執行調適和減緩之行動,且應當促進技術之開發、推廣和部署,接取氣候資金,與教育、訓練和公眾認知等相關層面,以及透明、即時和正確的資訊傳遞。
>
> 2. 能力建構,尤其針對開發中國家締約方而言,不論在國家、準國家和地方之層級,應當由國家主導,本於並回應國家需求,且促進締約方的國家自主。能力建構應當以習自包括自《公約》能力建構活動所獲在內之經驗為指導,並應當是一種參與型、跨領域和注重性別問題的有效與互動程序。
>
> 3. 所有締約方應當合作來加強開發中國家締約方執行本協定的能

力。已開發國家締約方應當加強對開發中國家締約方能力建構行動的支援。

4. 所有投入加強開發中國家締約方執行本協定能力之締約方,包括透過區域、雙邊和多邊措施為之,應當定期通報該等能力建構行動或作為。開發中國家締約方應定期通報其為履行本協定所採行之能力建構計畫、政策、行動或措施的進程。

5. 應透過適當的制度性安排,包括於《公約》體制下設立而供作本協定之用者,以強化能力建構之活動,而有助於本協定的執行。作為本協定締約方會議之《公約》締約方大會,應在其第一屆會議考量並就其能力建構的初始體制化安排通過其決議。

第 11 條明定應加強對於開發中國家締約方之能力建構,以利其採取有效之氣候行動,強調能力建構應由國家主導,並重視國家自主。《巴黎協定》應會參酌《氣候公約》在能力建構的經驗,讓能力建構能夠藉由開發中國家締約方之參與而有效互動。第 11 條第 3 項提及所有締約方應透過合作為開發中國家締約方進行能力建構,尤其是已開發國家締約方應特別強化這方面對開發中國家的支援。同時,為了確保能力建構之透明度,第 11 條第 4 項並規定能力建構行動應定期通報。

最後,有關能力建構之制度性規劃,第 11 條第 5 項則要求《巴黎協定》締約方大會(CMA)建立有關能力建構之適當制度性安排,其中應包括在《氣候公約》下之開發中國家能力建構之框架、以及經濟轉型國家能力建構之框架。

4.2.10 第十三條：透明度

第十三條

1. 為建立互信並促進有效履約，茲設立針對行動與支持之強化　透明度架構，並參採締約方不同能力與集體經驗，內建彈性機制。

2. 透明度架構應對因個別能力而有需要之開發中國家締約方，提供履行本條規定之彈性。本條第 13 項所述之模式、程序及指導均應反映此彈性。

3. 透明度架構應建立於並加強《公約》下設立之透明度安排，同時認識到低度開發國家和小島嶼開發中國家之特殊情況，以促進性、非侵入性、非懲罰性及尊重國家主權之方式實施，並避免對締約方造成不當負擔。

4. 《公約》下設立之透明度安排，包括國家通報、兩年期報告與兩年期更新報告、國際評估與審查以及國際協商與分析，應為制定本條第 13 項模式、程序和指導時經驗借鑑之一部分。

5. 依據《公約》第二條之宗旨，行動透明度架構之目的係明確瞭解氣候變遷行動，包括明確和追蹤各締約方在第四條下國家自定貢獻之落實進展；以及各締約方在第七條下之調適行動，包括良好作業優先事項、需求與落差，以供第十四條下之全球盤點參考。

6. 支援之透明度架構之目的係就各相關締約方於第四條、第七條、第九條、第十條及第十一條下氣候變遷行動方面提供與獲得的支援，提供具體明確性，並盡可能提供累計財務支援的完整概況，以供第十四條下之全球盤點參考。

7. 各締約方應定期提供以下資訊：

    (a) 利用政府間氣候變化專門委員會接受並由作為本協定締約方會議之《公約》締約方大會同意的良好範例方法學所編寫的一份含溫室氣體源的人為排放量和匯的消除量的國家清冊報告；

> (b)　　追蹤在依據第四條執行和履行國家自定貢獻方面取得的進展所必需的資訊。
>
> 8.　　各締約方還應適當提供與第七條下的氣候變遷衝擊與調適相關的資訊。
>
> 9.　　已開發國家締約方應當，而提供協助的其他締約方得根據第九條、第十條和第十一條向開發中國家締約方就融資、技術移轉和能力建構協助提供資訊。
>
> 10.　　開發中國家締約方應就第九條、第十條和第十一條下需要和接受資金、技術移轉和能力建構的支援情況提供資訊。
>
> 11.　　應根據第 1/CP.21 號決議，對各締約方依本條第 7 項和第 9 項提交的資訊進行技術專家審查。對於因能力問題而對此有需要的開發中國家締約方，審查程序應包括確認能力建構需求方面的支援。此外，各締約方應參與促進性的多邊考量程序，以含括第九條下的工作成果以及各自執行和實現國家自定貢獻的進展情況。
>
> 12.　　本項下的技術專家審查內容應包括適當審議締約方提供的支援，以及執行和實現國家自定貢獻的情況。審查也應確認締約方需改進的領域，並包括審查其資訊是否與本條第 13 項提及的模式、程序和準則相一致，同時考量在本條第 2 項下給予締約方的彈性。審查應特別注意開發中國家締約方各自的國家能力和國情。
>
> 13.　　作為本協定締約方會議之《公約》締約方大會應在第一屆會議上根據《公約》下透明度相關安排所建立的經驗，詳細擬定本條的規定，採取具透明度的適當行動和協助，以通過通用的模式、程序和準則。
>
> 14.　　應為開發中國家執行本條提供支援。
>
> 15.　　應為開發中國家締約方建立透明度相關能力提供持續性的支援。

　　鑑於《巴黎協定》並未針對各締約方 NDC 之執行結果，以法律進行強制約束，因此如何追究後續落實之成效及責任，藉由接近軟法性質之透明度框架使

各國產生須確實執行之壓力，即顯得十分重要。[114]然而，在談判的過程中，開發中國家針對透明度的第 13 條協商，一直對於準備繳交執行報告表示抗拒，故最終在第 13 條第 1 項納入了彈性的規定，即基於建立締約方之間的互信和促進履約，需要在氣候行動和支援上的建立透明度架構，但考量締約方各自能力的不同，該透明度架構應具有彈性，藉此獲得開發中國家之支持。

具體執行層面上，《巴黎協定》之透明度機制，原則上借鏡《氣候公約》所設立的透明度機制，包含「國家通訊」、「兩年期報告」、「兩年期更新報告」、國際評估與審查程序。根據 13 條之透明度架構所涵蓋的「國家清冊」、各締約方履行 NDC 進展上之資訊、氣候變遷影響和氣候變遷調適之資訊以及締約方國家提供或接受財務、技術和能力建構方面之資訊，這些資訊皆應交由技術專家進行審查。當然，透明度機制最重要的工作項目，即追蹤第 4 條的 NDC 減緩行動和第 7 條的調適行動的落實與進展，並同時對《巴黎協定》第 4 條、第 7 條、第 9 條、第 10 條、第 11 條的所規定之氣候行動提供相關支援，將資料供第 14 條做「全球盤點」之用。

最後，有關透明度機制下的彈性機制一直是本條之核心爭議，第 13 條第 2 項及 12 項揭示透明度機制對已開發國家與開發中國家將有不同之規定，要求針對「涵蓋範圍、頻率與報告詳細水準及審查範圍」具備靈活彈性。具體而言，一種可能方法乃是建立分級區分，從最寬鬆到最嚴格進行報告提交，讓各國隨其能力建構逐步提升透明度報告之層級。另一種方法則是依據各國排放水準來規定審查頻率[115]（請參見下表）。APA 已被要求在 2018 年為透明度機制建立一套共同的模式、程序和指導（common modalities, procedures and guidelines, MPG），其將立基於氣候公約在透明度方面的經驗，並使該機制仍能保有第 13 條第 1 項所稱之彈性。該透明度機制的 MPG 最終將會取代 2010 年和 2011 年

[114] Han van Asselt, 'Assessment and Review under a 2015 Climate Change Agreement', Nordic Council of Minister, 2015, available at < https://norden.diva-portal.org/smash/get/diva2:797336/FULLTEXT01.pdf > （accessed 10 April 2021）

[115] UNFCCC, Information related to possible elements of adaptation communications identified by Parties , Ad Hoc Working Group on the Paris Agreement, FCCC/APA/2017/INF.1, February 2017, available at < http://unfccc.int/resource/docs/2017/apa/eng/inf01.pdf > （accessed 10 April 2021）

建立的 MRV 系統[116]。

表 2

彈性機制	1.	允許開發中國家「自行決定（Self-determine）」究竟他們需不需要這項彈性機制。
	2.	欲使用此彈性機制的國家須針對「使用理由」、「預期使用時間[117]」及「如何在時間內進行改善」提出報告。
	3.	專家技術審查小組（Technical expert review teams）不得就開發中國家的自我決定結果進行審查，或者認定其有能力不採用彈性機制。
減量	1.	減量通訊不得拖欠超過兩年（2016 年的減排成果，至遲須於 2018 年知減排報告中提出）。
	2.	會以 SBSTA 的常用報告表及格式進行通報。
	3.	新的通訊規則將於 2024 年生效（此意味著 2023 年的全球盤點資訊將會在資訊完整性與可比性較低的情況下進行）。

資料來源：unfccc[118]

　　然而，在《巴黎協議》中有提及提供需要彈性機制的開發中國家，可以依照自己的能力進行透明度通報[119]，此部分主要爭議在於，規範哪些國家可以使

---

[116] UNFCCC, Understanding transparency and accountability, transparency, available at < https://unfccc.int/resource/bigpicture/index.html#content-transparency > （accessed 10 April 2021）

[117] 作者註：美國等國希望能夠限制使用彈性機制的時間，然未果。

[118] UNFCCC, Modalities, procedures and guidelines for the transparency framework for action and support referred to in Article 13 of the Paris Agreement, Decision -/CMA.1 available at < https://unfccc.int/sites/default/files/resource/cp24_auv_transparency.pdf > (accessed 10 April 2021)

[119] UNFCCC, Modalities, procedures and guidelines for the transparency framework for action and support referred to in Article 13 of the Paris Agreement, Decision -/CMA.1, available at < https://unfccc.int/sites/default/files/resource/cp24_auv_transparency.pdf > （accessed 10 April 2021）

用此彈性機制，例如美國與歐盟均希望中國等排放量大之開發中國家可以採用一致標準進行透明度通報，而非使用彈性方式。在過去，兩年期透明度報告的義務僅限於《氣候公約》附件 1 及附件 2 中的 44 個已開發國家，此次《巴黎協議》及其後續之規則書預計將此義務擴大至所有《巴黎協議》締約國家，並透過彈性機制調整開發中國家進行通訊的方式，藉此加速整體氣候變遷的進展，提升資料、決議與行動之品質。

4.2.11 第十四條：全球盤點

> **第十四條**
>
> 1. 作為本協定締約方會議之《公約》締約方大會應定期盤點本協定的執行情況，以評估實現本協定宗旨和長期目標的集體進展情況（稱為「全球盤點」）。評估工作應以全面和促進性的方式展開，同時考慮減緩、調適問題以及執行和協助的方式問題，並顧及衡平和利用最佳可得科學知識。
> 2. 除作為本協定締約方會議之《公約》締約方大會另有決議外，作為本協定締約方會議之《公約》締約方大會應在 2023 年進行第一次全球盤點，此後每五年進行一次。
> 3. 全球盤點的結果應提供締約方參考，以國家自主的方式根據本協定的有關規定更新和加強其行動和協助，以及強化氣候行動的國際合作。

「全球盤點」在協商過程中，針對評估「集體進展」（collective progress）或單一國家進展情況，曾陷入意見的分歧，最終第 14 條第 1 項採取的是「集體進展」的評估，而非單一國家之情況，並納入「衡平」的概念，保有針對各國貢獻程度評估的彈性解釋空間。

第 14 條第 2 項規定「全球盤點」預計將於 2023 年開始進行首次盤點，嗣

後每五年進行一次。此一盤點行動將以全面且促進各國企圖心之原則，評估全球各國在《巴黎協定》目標上的集體進展，以瞭解長期目標是否達成。然而，何謂「長期目標」之達成，「全球盤點」是否僅需針對第 2 條全球升溫限制之目標來進行評估，抑或是必須針對各項氣候行動之落實進行審視，仍尚待後續談判加以清楚定義目標之實質意涵，尤其是針對「能力建構」及「技術轉移」等並無清楚明確揭示長期目標的項目，更需加以釐清。另外，在協商的過程中，「全球盤點」其適用範疇是否應將「損失與損害」涵蓋在內亦產生許多爭議。最終各締約方採取折衷方案，在「全球盤點」規則之註腳中加入「得適當考量有關避免、盡量減輕和處理氣候變遷不利影響相關的損失與損害的影響，並在合作與促進的基礎下，得提供有關氣候變遷不利影響相關的損失語損害之資訊，用以加強各國之理解、行動與支援」。

有關盤點結果之利用，第 14 條第 3 項提到「全球盤點」的結果將提供予各締約方，讓它們更新並加強其氣候行動、並支援且強化國際合作，將包括「增強技術審查程序」（TEP）、加強具急迫性之資金、技術、援助和方法的提供，從而強化各締約方之「高階參與」（high-level engagement）。除了以締約方為主體之盤點，「全球盤點」所建立之資訊平台，亦歡迎來自非締約方利害相關者對應和回應氣候變遷的努力，包括來自民間社會、私部門、金融機構、城市、以及次國家政權的努力，上述利害相關者可以在非國家行動者之氣候行動平台上展現其成果。

最後談到「全球盤點」之具體實行時間表及階段，除了第 2 項規定之 2023 年開始首次啟動之外，依照 2017 年《氣候公約》第 23 屆締約方大會（COP23）之決議，亦將於 2018 年及 2019 年的締約方大會（COP）持續進行盤點，並先納入各締約方在 2020 年前期之減緩努力及進行之國際援助等資訊[120]。同時，2018 年《氣候公約》第 24 屆締約方大會針對「全球盤點」的過程，亦確立三

---

[120] UNFCCC, Preparations for the implementation of the Paris Agreement and the first session of the Conference of the Parties serving as the meeting of the Parties to the Paris Agreement, FCCC/CP/2017/L.13, November 2017, available at < http://unfccc.int/resource/docs/2017/cop23/eng/l13.pdf > （accessed 10 April 2021）

個階段的框架，分別是：資訊蒐集（Information collection）、技術評估（Technical assessment）及產出考量（Consideration of output）。

4.2.12 第十五條：履約與遵約

第十五條

1. 茲建立一項機制，以促進本協定規定之履行與遵循。

2. 本條第 1 項所述之機制應由一促進性專家委員會組成，並以透明、非對立、非懲罰性之方式行使其職能。委員會應特別注意各締約方之國家能力與情形。

3. 該委員會應在作為本協定締約方會議之《公約》締約方大會之第一屆大會通過的規範和程序下運作，每年向作為本協定締約方會議之《公約》締約方大會提交報告。

依據第 15 條第 1 項及第 2 項之規定，在減緩、調適和援助的資訊方面，各締約方被要求要提出相關之報告，以供國際審查，成立一個透明非對立且非懲罰性之促進履約和提倡遵約的機制，該機制每年並會於 CMA 上提出報告。然而，本條做為履約及遵約的機制，並沒有說明與期待有相似功能之「透明度機制」之間的運作關聯性，仍需按第 3 項規定之程序持續協商。

第 15 條第 2 項另就履約與遵約委員會進行規定，該委員會將在具公平地域代表基礎上，由「具有相關科學、技術、社會經濟或法律領域公認能力」的 12 位委員組成。不同於具有法律拘束力之《京都議定書》，第 15 條「履約與遵約委員會」之目的將以「促進」與「非懲罰」方式來「促進執行」與「推動遵約」。

第五章　結論

　　美國總統拜登（Joe Biden）於 2021 年 4 月 22 日的世界地球日接連召開兩天的「領袖氣候峰會」（Leaders Summit on Climate）[121]，不僅有 40 名國家領導人響應並發表其國家願景，各國負責氣候變遷議題之公私部門及國際組織首長層級亦出席討論，盛況空前。美國及各國領袖也同時趁這個機會，向全世界展示未來「對抗氣候變遷」的行動將會涵蓋國防、外交、經濟、內政及國家安全等各項領域，將成為國家最核心戰略之一。

　　我國雖仍無法受邀，但蔡英文總統也在同日宣示我國亦將採取 2050 年淨零排放的能源轉型目標，呼應全世界團結對抗氣候變遷的決心[122]。近年來，「對抗氣候變遷」這個抽象的概念，從原本僅是人類被迫回應環境惡化所為之合作，自《氣候公約》一路走到《巴黎協定》，逐漸在南北國家的諒解中及相互援助之精神下，慢慢形塑出人類朝向未來目標之共同價值。經過了 25 屆《氣候公約》締約方大會的漫長討論以及 2021 年美國重回氣候議題所召開的「領袖氣候峰會」，都再再確認了各國確實可以放下政治意識的分歧，以法律架構建築起共同價值，抵抗氣候變遷這個巨大的共同敵人。全球協力的輪廓已越來越清楚，讓人在疫情蔓延的失落中，再次對全球多邊合作燃起了信心。

　　最後，本書所要強調，我國與世界各國合作所積極推展之能源轉型及再生能源產業有目共睹，建立在《氣候公約》及《巴黎協定》架構下的全球氣候合作平台及共同行動目標，已然對我國產業及政策及國家發展等各層面產生了重大的影響。然而，推動氣候行動係跨越許多世代的漫長戰役，本書現階段雖然可提供我國擘劃淨零排碳相關修法之必要基礎資訊，但為了持續能夠掌握國際氣候合作之動態發展，本書將會於《巴黎協定》規則書通過後，續行更新版本，

---

[121] Leaders Summit on Climate, available at < https://www.state.gov/leaders-summit-on-climate/ > （accessed 23 April 2021）

[122] 世界地球日，總統：臺灣正積極部署在 2050 年達到淨零排放目標的可能路徑，< https://www.president.gov.tw/NEWS/26056 > （最後瀏覽日 23 April 2021）

聯合國氣候變化綱要公約與巴黎協定

以期提供更全面的國際氣候變遷法制發展過程。

第六章　附錄

一：字詞彙編

簡寫與原文	中文解釋
AC **Adaptation Committee**	調適委員會
ACT 2015 **The Agreement for Climate Transformation 2015**	2015 年氣候轉型協議
ADP **Ad Hoc Working Group on the Durban Platform for Enhanced Action**	德班平台強化行動特設工作小組
Annex I **Countries**	公約附件一國家
APA **Ad Hoc Working Group on the Paris Agreement**	巴黎協定特設工作組
AR5 **Fifth Assessment Report of the IPCC**	IPCC 第五次評估報告
Bali Action Plan	峇里行動計畫

Carbon Pricing	碳定價、碳價
CBDR-RC-NC **Common but differentiated responsibilities and respective capabilities, in the light of different national circumstances**	本諸不同的國情，共同但有區別的責任和各自能力
CBIT **Capacity Building Initiative for Transparency**	透明度之能力建構倡議
CDM **Clean Development Mechanism**	清潔發展機制
CGE **Consultative Group of Experts**	專家顧問團
CMA **Conference of the Parties serving as the meeting of the Parties to the Paris Agreement**	作為巴黎協定締約方會議之公約締約方大會
CMP **Conference of the Parties serving as the meeting of the Parties to the Kyoto Protocol**	作為京都議定書締約方會議之公約締約方大會
COP **Conference of parties**	聯合國氣候變化綱要公約締約方大會
COP/MOP	作為京都議定書締約方會議之公約締約方大會

The Conference of the Parties serving as the meeting of the Parties to the Protocol	
CTCN Climate Technology Centre & Network	氣候技術中心與網絡
GCF Green Climate Fund	綠色氣候基金
GEF Global Environment Facility	全球環境基金
GHG Greenhouse gas	溫室氣體
ICAT Initiative for Climate Action Transparency	氣候行動與透明度倡議
IPCC Intergovernmental Panel on Climate Change	氣候變化政府間專門委員會
ITMOs Internationally Transferred Mitigation Outcomes	國際轉讓的減緩成果
Kyoto Protocol	京都議定書
LDC Least Developed Countries	低度開發國家

LEG **Least Developed Countries Expert Group**	低度開發國家專家團
LPAA **Lima-Paris Action Agenda**	利馬-巴黎行動議程
MRV **Measurement, reporting, and verification**	可量測、可報告、可查驗
NAMAs **Nationally appropriate mitigation actions**	國家適當減緩行動
NAZCA **Non-State Actor Zone for Climate Action**	氣候行動非國家行動者區域
NDAs **National Designated Authorities**	國家指定主管機關
NDC **Nationally Determined Contribution**	國家自定貢獻
NDEs **National Designated Entities**	國家指定實體
PCCB **Paris Committee on Capacity Building**	巴黎能力建構委員會
UN-REDD **United Nations collaborative initiative on Reducing Emissions from Deforestation and**	聯合國於減少因毀林或森林退化所致排放量之合作倡議

forest Degradation	
REDD **Reducing Emissions from Deforestation and forest Degradation**	減少因毀林或森林退化所致之排放量
REDD+ **Reducing Emissions from Deforestation and forest Degradation include forest conservation**	減少因毀林或森林退化所致之排放量、以及養護
SBI **Subsidiary Body for Implementation**	附屬履行機構
SBSTA **Subsidiary Body for Scientific and Technological Advice**	附屬科學與技術諮詢機構
WIM **Warsaw International Mechanism for Loss and Damage associated with Climate Change Impacts**	有關氣候變遷之損失與損害之華沙國際機制

二：氣候公約締約方大會組織圖及氣候公約網站對各機構之簡介

圖 4

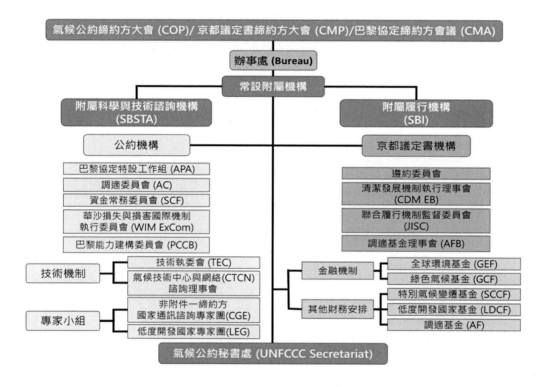

資料來源[123]

締約方大會 （Conference of the Parties, COP）

123 < https://cleantechnica.com/2014/12/05/alphabet-soup-understanding-cop20-climate-organization/ >

　　締約方大會是公約的最高決策機構,所有的公約締約方都會派代表出席締約方大會,並在締約方大會上審查公約的履行狀況、以及一切公約通過的法律工具,亦作出必要的決議以促進公約的有效履行,其中並包括機構上或行政上的安排。

京都議定書締約方會議 （Conference of the Parties serving as the meeting of the Parties to the Kyoto Protocol, CMP）

　　締約方大會是公約的最高決策機構,應作為京都議定書之締約方會議。京都議定書締約方派代表出席京都議定書締約方會議,若非締約方國家則亦可以觀察員身份出席。京都議定書締約方會議對京都議定書的履約情況進行監督,並作出決議以促進京都議定書的有效履行。

巴黎協定締約方會議 （Conference of the Parties serving as the meeting of the Parties to the Paris Agreement, CMA）

　　締約方大會是公約的最高決策機構,應作為巴黎協定之締約方會議。巴黎協定締約方派代表出席作為巴黎協定締約方會議,若非締約方國家則亦可以觀察員身份出席。巴黎協定締約方會議對巴黎協定的履約情況進行監督,並作出決議以促進巴黎協定的有效履行。

附屬科學與技術諮詢機構 （Subsidiary Body for Scientific and Technological Advice, SBSTA）

　　附屬科學與技術諮詢機構作為公約、京都議定書和巴黎協定之附屬機構,其透過提供即時資訊、以及科學與技術上事務的建議,以支援 COP、CMP、CMA 的工作。

附屬履行機構 （Subsidiary Body for Implementation, SBI）

附屬履行機構透過對公約、京都議定書、巴黎協定有效履行情況的評估和審查,以支援 COP、CMP、CMA 的工作。

COP/CMP/CMA 辦事處 (Bureau)

就公約、京都議定書、巴黎協定、各屆會議的組織、秘書處運作方面正在進行中之工作,該辦事處透過提供有關之建議與指導,以對 COP、CMP、CMA 進行支援,特別是在 COP、CMP、CMA 會議以外的時間。

遵約委員會 (Compliance Committee)

京都議定書下遵約委員會的功能,在於為締約方就京都議定書之履行,提供建議與協助、促進締約方基於其承諾之履約、確認未履約之情形、以及依京都議定書之規定在締約方未依其承諾履約時採取行動。

清潔發展機制執行理事會 (Executive Board of the Clean Development Mechanism, CDM- EB)

在 CMP 的許可和指導下,清潔發展機制執行理事會(CDM-EB)對京都議定書的清潔發展機制(Clean Development Mechanism, CDM)進行監督。對 CDM 計畫之參與者而言,在計畫的註冊和排放減量額度的發行上,清潔發展機制執行理事會皆是最終的聯絡機構。

聯合履行機制監督委員會 (Joint Implementation Supervisory Committee, JISC)

在 CMP 的許可和指導下,聯合履行機制監督委員會,對提交計畫之驗證程序進行監督,以確保未來在源的排放之減少、以及人為匯的清除之強化,進而達成京都議定書第 6 條和共同履行指導的相關要求。

調適基金理事會 (Adaptation Fund Board, AFB)

調適基金理事會,就調適基金進行監督和管理,並對 CMP 負全責。調適基

金的設立，是為了對氣候變遷負面影響特別脆弱的開發中國家締約方之具體調適計畫提供資金。調適基金的資金來源，包括排放減量額度發行總額的 2%、以及其他基金。

巴黎協定特設工作組 （Ad Hoc Working Group on the Paris Agreement, APA）

在 2015 年 12 月 12 日的 COP23 上，依決議文 1/CP.21 通過巴黎協定，巴黎協定特設工作組亦依同一決議文而建立，為巴黎協定的生效、以及第一屆巴黎協定締約方會議的舉行作準備。

調適委員會 （Adaptation Committee, AC）

調適委員會於 COP16 成立，屬於坎昆協議（決議文 1/CP.16）的一部分，用以促進公約中所述，依協調方式履行在調適部分的強化行動，特別是透過調適委員會的不同功能以達此目標。調適委員會的工作已於 COP17 上訂定。

資金常務委員會 （Standing Committee on Finance, SCF）

資金常務委員會的任務，是協助 COP 行使有關公約財務機制的功能：使氣候變遷資金之發放具有一致性和協調性；財務機制的合理化；財務資源的調動；就提供給開發中國家的援助進行量測、報告與查驗。資金常務委員會基於 COP16 的決議文 1/CP.16 所成立，其角色和功能已在 COP17 被更進一步定義，而其組成和工作模式亦於 COP17 上有進一步的說明。

華沙損失與損害國際機制執行委員會 （Executive Committee of the Warsaw International Mechanism for Loss and Damage）

華沙損失與損害國際機制執行委員會，依決議文 2/CP.19 而成立。華沙損失與損害國際機制在該委員會的指導下運作，而該委員會則在 COP 的指導下運作，並對 COP 負責。

巴黎能力建構委員會 （Paris Committee on Capacity-Building, PCCB）

巴黎能力建構委員會在 2015 年的 COP21 上作為巴黎協定的一部分而成立，用以處理在開發中國家締約方的能力建構上、以及在能力建構工作的強化上，近期發生的需求和落差，其中包括有關公約下能力建構行動的一致性和協調性。

技術執委會（Technology Executive Committee, TEC）

技術執委會、以及氣候技術中心與網絡諮詢理事會，依據各自的職能，負責促進技術機制在 COP 的指導下有效運作。技術執委會基於 COP16 的決議文 1/CP.16 所成立。

氣候技術中心與網絡諮詢理事會 （Advisory Board of the Climate Technology Centre & Network, CTCN）

氣候技術中心與網絡（Climate Technology Centre & Network, CTCN）透過其諮詢理事會向 COP 負責、並接受 COP 的指導。該諮詢理事會於 COP18 上成立，並在如何排列開發中國家要求之優先順序上向 CTCN 提供指導，此外，諮詢理事會亦對 CTCN 的表現進行監督、量測和評估。

低度開發國家專家團 （Least Developed Countries Expert Group, LEG）

低度開發國家專家團由 COP 建立，其成員並由各締約方提名。該專家團成立的目的，在於為國家行動的調適計畫之準備與執行提供援助。

非附件一締約方國家資訊諮詢專家團 （Consultative Group of Experts on National Communications form Parties not included in Annex to the Convention , CGE）

COP 成立該專家團的目的，是改進非屬公約附件一國家締約方準備其國家通訊的過程。

公約秘書處 （Secretariat）

公約秘書處為公約之談判和公約之機構提供組織上的協助與技術上的專業知識，並促進公約和京都議定書之履行上官方資訊的流通，其中包括創新方式的發展和有效執行，從而減緩氣候變遷並推動永續發展。

全球環境基金 （Global Environment Facility, GEF）

全球環境基金是公約金融機制（financial mechnaism）的經營實體（operational entity），該基金為開發中國家締約方之行動和計畫提供金融援助，COP 則定期向該基金提供指導。

綠色氣候基金 （Green Climate Fund, GCF）

綠色氣候基金依 COP16 的決議文 1/CP.16 通過，並在 2011 年由轉型委員會（Transitional Committee）設計其組織，依 COP17 的決議文 3/CP.17 而成立。該基金是公約金融機制的經營實體，在 COP 的指導下運作、並對 COP 負責。其由 24 名委員組成的委員會負責運作，其中開發中國家的委員數和已開發國家相同。在 2020 年起每年可操作 1000 億美金之資金的背景下，該基金計畫成為全球氣候金融的主要基金。

特別氣候變遷基金 （Special Climate Change Fund, SCCF）

特別氣候變遷基金是為資助氣候變遷相關之行動、計畫和方案而設立，並就其他公約之金融機制在行動、計畫和方案之援助上進行互補。目前由 GEF 受託進行 SCCF 之營運。

低度開發國家基金 （Least Developed Countries Fund, LDCF）

COP 建立低度開發國家基金以援助低度開發國家締約方之工作計畫、並對低度開發國家締約方進行援助，特別是在國家調適行動計畫的準備與執行上。

目前由 GEF 受託進行 LDCF 之營運。

聯合國氣候變化政府間專門委員會 （Intergovernmental Panel on Climate Change, IPCC）

IPCC 是一個科學機構，其並不進行任何研究、亦不會對氣候相關之數據和參數進行監測，而是對當下全球有關氣候變遷的科學、技術和社會經濟資訊進行定期審查及評估。COP 在收到 IPCC 的成果後，會將 IPCC 的數據和資料當作氣候變遷知識上的基準，以作出有科學基礎的決議。舉例而言，2014 年的 IPCC 第五次評估報告，即被 COP 用來作為長期氣溫目標的考量因素之一，亦用以決定德班平台特設工作小組的工作。

三：《氣候公約》至《巴黎協定》各項工作項目時間軸

時間與 大會屆次	重要協議及 特殊工作組	減緩	調適、 損失與損 害	資金	技術與 能力建構
1995 **COP1**	氣候公約生 效				
1997 **COP 3**	京都議定書 通過			GEF 簽訂 備忘錄	
2001 **COP 7**			調適基金 成立		
2003 **COP 9**	AWG-LGA 成立				
2005 **COP 11**	京都議定書 生效	CDM 啟 用	NWP 啟動		
2007 **COP 13**	峇里路線圖	NAMAs			
2008 **COP 14**		JI 啟用	調適基金 啟用 坎昆調適 架構		

聯合國氣候變化綱要公約與巴黎協定

2010 **COP 16**			調適委員 會成立	GCF 啟用	技術機制 啟用
2011 **COP 17**					能力建構 之德班論 壇
2012 **COP 18**	**多哈修正案 通過**				
2013 **COP 19**	ADP 成立		WIM 成立		
2014 **COP 20**	利馬行動呼 籲				
2015 **COP 21**	**巴黎協定通 過**	永續發展 機制			PCCB
2016 **COP22**	巴黎協定生 效 APA 成立				
後巴黎時期					
2017 **COP23**	斐濟氣候履 行動能	推動 2020 年 前氣候行 動與擴大 企圖心	評估調適 與減緩之 技術審查 程序	長期融資 與調適資 金、公共 介入等	

【附錄】三：《氣候公約》至《巴黎協定》各項工作項目時間軸

2018 **COP24**	塔拉諾亞促進對話 （Talanoa Facilitative Dialogue）/ 卡托維茲包裹決議	國家自定貢獻 （NDCs）的相關指導	調適通訊指導、調適基金適用於巴黎協定	鑑別締約方提供氣候資金協助開發中國家之透明度	通過技術架構 （Technology Framework）
2019 **COP25**	智利-馬德里行動時刻	強調減緩、調適、資金三大企圖心的行動	調適行動與其溫室氣體減量共伴效益	GCF 與 GEF 資金適用巴黎協定之協調方式	自然為本的解決方案盡快進入氣候行動轉型的能力建構系統

資料來源: 自行整理

四：聯合國氣候變化綱要公約

聯合國氣候變化綱要公約

繁體中文

本公約各締約方，

認知到地球的氣候變遷及其不利影響是人類共同關心的問題，

慮及人類活動已大幅增加大氣中溫室氣體的濃度，該種增加增強了自然溫室效應，平均而言將引起地球表面和大氣進一步增溫，並可能對自然生態系統和人類產生不利影響。

注意到歷史上和目前全球溫室氣體排放的最大部份源自已開發國家；開發中 國家的人均排放仍相對較低；開發中國家在全球排放中所占的份額將會增加，以滿足其社會和發展需求，

意識到陸地和海洋生態系統中溫室氣體匯和庫的作用和重要性，

注意到在氣候變遷的預測中，特別是在其時間、幅度和區域格局方面，有許多不確定性，

認知到全球性的氣候變遷，呼籲所有國家根據其共同但有區別的責任和各自的能力及其社會和經濟條件，盡可能發展最廣泛的合作，並參與有效和適當的國際對應行動，

回顧 1972 年 6 月 16 日於斯德哥爾摩通過的《聯合國人類環境宣言》的有關規定，

又回顧各國根據《聯合國憲章》和國際法原則，擁有主權權利按本國的環

境和發展政策開發自己的資源，也有責任確保在其管轄或控制範圍內的活動不對其他國家的環境或國家管轄範圍以外地區的環境造成損害，

重申在因應氣候變遷國際合作中的國家主權原則，

認知到各國應當制定有效的立法；各種環境方面的標準、管理目標和優先順序，並應反映其所適用的環境和發展方面之情況；此外，有些國家所實行的標準可能對其他國家、特別是開發中國家，帶來不適當且不正當的經濟與社會成本，

回顧聯合國大會關於聯合國環境與發展會議的 1989 年 12 月 22 日第 44/228 號決議的規定，以及關於為人類當代和後代保護全球氣候的 1988 年 12 月 6 日第 43/53 號、1989 年 12 月 22 日第 44/207 號、1990 年 12 月 21 日第 45/212 號和 1991 年 12 月 19 日第 46/169 號決議，

又回顧聯合國大會關於海平面上升對島嶼和沿海地區特別是低窪沿海地區可能產生的不利影響的 1989 年 12 月 22 日第 44/206 號決議之各項規定，以及聯合國大會關於防治沙漠化行動計畫實施情況的 1989 年 12 月 19 日第 44/172 號決議的有關規定。

並回顧 1985 年《保護臭氧層維也納公約》和於 1990 年 6 月 29 日調整和修正的 1987 年《蒙特婁破壞臭氧層物質管制議定書》，

注意到 1990 年 11 月 7 日通過的第二次世界氣候大會部長宣言，

意識到許多國家就氣候變遷所進行的有價值的分析工作，以及世界氣象組織、聯合國環境規劃署和聯合國系統的其他機關、組織和機構及其他國際和政府間機構對交換科學研究成果和協調研究工作所作的重要貢獻，

認識到了解和因應氣候變遷所需的步驟只有基於有關的科學、技術和經濟方面的考量，並根據這些領域的新發現不斷加以重新評價，才能在環境、社會和經濟方面最為有效，

認識到因應氣候變遷的各種行動本身在經濟上就能夠是合理的，而且還能有助於解決其他環境問題，

又認識到已開發國家有必要根據明確的優先順序，立即靈活地採取行動，以 作為形成考量到所有溫室氣體並適當考量它們對增強溫室效應的相對作用的全 球、國家和可能議定的區域性綜合應對戰略的第一步，

並認識到地勢低窪國家和其他小島嶼國家、擁有低窪沿海地區、乾旱和半乾旱地區或易受水災、旱災和沙漠化影響地區的國家以及具有脆弱的山區生態系統的開發中國家特別容易受到氣候變遷的不利影響。

認識到其經濟特別依賴於礦物燃料的生產、使用和出口的國家特別是開發中國家由於為了限制溫室氣體排放而採取的行動所面臨的特殊困難，

申明應當以統籌兼顧的方式把對應氣候變遷的行動與社會和經濟發展協調起來，以免後者受到不利影響，同時充分考慮到開發中國家實現持續經濟增長和消除貧困的正當的優先需要，

認識到所有國家、特別是開發中國家需要得到實現永續的社會和經濟發展所需的資源；雖然考慮到有可能包括通過在具有經濟和社會效益的條件下應用新技術來提高能源效率和一般地控制溫室氣體排放，但開發中國家為了迎向這一目標，其能源消耗將需要增加，

決定為當代和後代保護氣候系統，

茲協議如下：

第一條

定義

為達到本公約的目的：

1.　　"氣候變遷的不利影響"指氣候變遷所造成的自然環境或生態的變化，這些

變化對自然的和管理下的生態系統的組成、復原力或生產力、或對社會經濟系統的運作、或對人類的健康和福利產生重大的有害影響。

2.　"氣候變遷"指除在可茲比較之時期內所觀測的氣候的自然變遷之外，由於直接或間接的人類活動改變了地球大氣的組成而造成的氣候變遷。

3.　"氣候系統"指大氣圈、水圈、生物圈和地圈的整體及其相互作用。

4.　"排放"指溫室氣體和/或其前驅物在一個特定地區和時期內向大氣的釋放。

5.　"溫室氣體"：指大氣中那些吸收和重新放出紅外線輻射的自然的和人為的氣態成分。

6.　"區域經濟整合組織"：指一個特定區域的主權國家組成的組織，有權處理本公約或其議定書所規定的事項，並經按其內部程序獲得正式授權簽署、批准、贊同、核准或加入有關文書。

7.　"庫"：指氣候系統內存儲溫室氣體或其前驅物的一個或多個組成部分。

8.　"匯"：指大氣中清除溫室氣體、氣膠或溫室氣體前驅物的任何過程、活動或機制。

9.　"源"：指向大氣排放溫室氣體、氣膠或溫室氣體前驅物的任何過程或活動。

第二條

目標

本公約以及締約方大會可能通過的任何相關法律文件的最終目標是：根據本公約的各項有關規定，將大氣中溫室氣體的濃度穩定在防止氣候系統受到危險的人為干擾的水準上。此一水準應在足以容許生態系統自然調適氣候變遷、確保糧食生產免受威脅、並使經濟得以發展的可永續方式之時間範圍內達成。

第三條

原則

各締約方在為實現本公約的目標和履行其各項規定而採取行動時，各締約方得受指導，特別是以下規定：

1. 各締約方應當在衡平的基礎上，根據它們共同但有區別的責任和各自的能力，為人類當代和後代的利益保護氣候系統。因此，已開發國家締約方應當率先處理氣候變遷及其不利影響。

2. 應充分考量到開發中國家締約方、尤其是特別易受氣候變遷不利影響的那些開發中國家締約方的具體需求和特殊情況，也應當充分考量到那些按本公約必須承擔不成比例或不正常負擔的締約方、特別是開發中國家締約方的具體需求和特殊情況。

3. 各締約方應當採取預防措施，預測、防止或儘量減少引起氣候變遷的原因，並減緩其不利影響。當存在造成嚴重或不可逆轉損害的威脅時，不應當以科學上沒有完全的確定性為理由延遲採取這類措施，同時慮及對應氣候變遷的政策和措施應當講求成本效益，確保以盡可能最低的費用獲得全球效益。為此，此種政策和措施應考慮到不同的社會經濟情況，並且應具有全面性，包括所有相關的溫室氣體源、匯和庫及調適措施，並涵蓋所有經濟部門。對應氣候變遷的努力可由相關的締約方合作進行。

4. 各締約方有權並且應當促進永續的發展。保護氣候系統免受人為行動變化之政策和措施，應適合於各締約方之具體情況，並應與國內發展計畫整合，同時考慮到經濟發展對於採取措施應付氣候變遷是至關重要的。

5. 各締約方應當合作促進有利的和開放的國際經濟體系，這種體系將促成所有締約方、特別是開發中國家締約方的永續經濟增長和發展，因而使它們有能力更佳對應氣候變遷的問題。為處理氣候而採取的措施，包括單方措施，不應當成為國際貿易上的任意或無理的歧視手段或者隱藏性限制。

第四條

承諾

1. 所有締約方，考慮到它們共同但有區別的責任，以及各自具體的國家和區域發展優先順序、目標和情況，應：

　　(a)　以依第 12 條，發展、定期更新、公布、讓締約方大會近接各種關於《蒙特婁議定書》未予管制所有溫室氣體源的人為排放和各種匯的清除之國家清冊，並以經締約方大會同意的可比較性方法論為之；

　　(b)　制訂、執行、公布和經常性更新國家以及酌情更新區域之計畫，其中包含《蒙特婁議定書》未予管制的所有溫室氣體的源的人為排放和匯的清除來著手減緩氣候變遷的措施，以及加速充分地調適氣候變遷之措施；

　　(c)　在所有有關部門，包括能源、運輸、工業、農業、林業和廢棄物管理部門，促進和合作發展、應用和散布、包括移轉，各種用來控制、減少或防止《蒙特婁議定書》未予管制的溫室氣體的人為排放的技術、做法和過程；

　　(d)　促進永續地管理，並促進和合作酌情維護和加強《蒙特婁議定書》未予管制的所有溫室氣體的匯和庫，包括生物量、森林和海洋、以及其它陸地、沿海和海洋生態系統；

　　(e)　合作為氣候變遷影響之調適進行準備；為沿海地區管理、水資準、農業、地區之保護和復原、旱災和沙漠化之影響、水患擬訂與制定適當且完整之計畫，特別是非洲地區的保護及復原；

　　(f)　在其相關之社會、經濟和環境政策及行動中，在可行的範圍內考量氣候變遷，並採用由本國擬訂和確定的適當辦法，例如進行影響評估，以期盡量減少它們為了減緩或氣候變遷調適而進行的項目或採取的措施對經濟、公共健康和環境品質產生的不利影響；

聯合國氣候變化綱要公約與巴黎協定

(g) 促進和合作進行關於氣候系統的科學、科技、技術、社會經濟和其他研究、系統觀測及開發數據檔案，目的是增進對氣候變遷的起因、影響、規模和發生時間以及各種因應策略所來的經濟和社會後果的認識，和減少或消除在這些方面尚存之不確定性；

(h) 促進和合作進行關於氣候系統和氣候變遷及關於各種因應策略所帶來的經濟和社會影響的科學、科技、技術、社會經濟和法律方面的有關資訊的充分、公開和迅速的交流；

(i) 促進和合作進行與氣候變遷有關的教育、培訓和公眾意識的工作，並鼓勵人們對這個過程作最廣泛之參與，包括鼓勵各種非政府組織的參與；

(j) 依照第十二條向締約方大會提供有關履行的資訊。

2. 附件一所列的已開發國家締約方和其他締約方具體承諾如下所規定：

(a) 每一個此類締約方應制定國家政策和採取相應的措施，通過限制其人為的溫室氣體排放以及保護和增強其溫室氣體庫和匯，減緩氣候變遷。這些政策和措施將表明，已開發國家是在帶頭遵循本公約的目標，改變人為排放的長期趨勢，同時認知到在十年內使二氧化碳和《蒙特婁議定書》未予管制的其他溫室氣體的人為排放回復到較早的水準，將會有助於這種改變，並考慮到這些締約方的起點和做法、經濟結構和資源基礎方面的差別、維持強大和永續經濟增長的需要、可以採用的技術以及其他個別情況，又考慮到每一個此類締約方都有必要對為了實現該目標而作的全球努力作出衡平和適當的貢獻。這些締約方可以與其他締約方共同執行這些政策和措施，也可以協助其他締約方為實現本公約的目標，特別是本款的目標作出貢獻；

(b) 為了推動朝這一目標取得進展，每一個此類締約方應依照第十二條，在其中包括區域經濟整合組織制定的政策和採取的措施。本公約對

其生效後六個月內，並在其後定期地就其上述（a）款所述的政策和措施，以及就其由此預測在（a）款所述期間內《蒙特婁議定書》未予管制的溫室氣體的源的人為排放和匯的清除，提供詳細資訊，目的在個別或共同使二氧化碳和《蒙特婁議定書》未予管制的其他溫室氣體的人為排放回復到 1990 年的水準。按照第七條，這些資訊將由締約方大會在其第一屆會議上、以及在其後定期地加以審查；

(c) 為了上述(b)款之目的而計算各種溫室氣體源的排放和匯的清除時，應該參考可得之最佳科學知識，包括關於各種匯的有效容量和每種溫室氣體在引起氣候變遷方面的作用的知識。締約方大會應在其第一屆會議上考量和議定進行此外計算的方法，並在其後經常性地加以審查；

(d) 締約方大會應在其第一屆會議上審查上述(a)款和(b)款是否充足。進行審查時應參照關於氣候變遷及其影響的最佳科學資識和評估，以及有關的技術、社會和經濟資訊。在審查的基礎上，締約方會議應採取適當的行動，其中可以包括通過對上述（a）款和（b）款承諾的修正。締約方大會第一屆會議應就上述（a）款所述共同執行的標準作出決定。對（a）款和（b）款的第二次審查應不遲於 1998 年 12 月 31 日進行，其後按由締約方大會確定的定期間隔進行，直至本公約的目標達到為止；

(e) 每一個此類締約方應：

（一）酌情協調其他此類締約方的相關經濟和行政手段之發展，以達到本公約之目標；

（二）確定並定期審查其鼓勵並導致《蒙特婁議定書》未予管制的溫室氣體的人為排放水準提升的活動之政策和做法。

(f) 締約方大會應至遲在 1998 年 12 月 31 日之前審查可得資訊，以便經

有關締約方同意，作出適當修正附件一和二內名單的決定；

(g) 不在附件一之列的任何締約方，可以在其批准、接受、核准或加入的文書中，或在其後任何時間，通知寄存處其有意接受上述（a）款和（b）款的約束。寄存處應將任何此類通知通報其他簽署方和締約方。

3. 已開發國家締約方和其他列於附件二之已開發國家締約方，應提供新的、額外的資金以滿足對開發中國家依第 12 條第 1 項履行其承諾義務之全數支出。已開發國家並應提供資金、包括屬本條第 1 款範圍之技術移轉、開發中國家締約方為達到其承諾所需履行指施之全數漸增成本，以及獲開發中國家締約方和國際實體或第 11 條所述實體之同意。此等承諾之履行應慮及資金流的充足性和可預測性、以及開發中國家締約方亦適當分擔之重要性。。

4. 已開發國家締約方和其他列於附件二之已開發國家締約方還應幫助特別易受氣候變遷不利影響的開發中國家締約方支付此等不利影響之調適費用。

5. 已開發國家締約方和其他列於附件二之已開發國家締約方應採取一切實際可行的步驟，酌情推動、促進和資助向其他締約方，特別是向開發中國家締約方移轉或使它們有機會得到無害環境的技術和專有技術，以使它們能夠履行本公約的各項規定。在此過程中，已開發國家締約方應援助開發和增強開發中國家締約方的自生能力和技術。有能力這樣做的其他締約方和組織也可協助促進此類技術的移轉。

6. 對於附件一所列正在向市場經濟過渡的締約方，在履行其在本條第 2 項下的承諾時，包括在《蒙特婁議定書》未予管制的溫室氣體人為排放的可資參照的歷史水準方面，應由締約方大會允許它們有一定程度的靈活性，以增強這些締約方因應氣候變遷的能力。

7. 開發中國家締約方能有效履行其在本公約下的承諾至何種程度，將取決於

已開發國家締約方對其在本公約下所承擔的有關資金和技術移轉的承諾之有效履行,並將充分慮及經濟和社會發展及消除貧困是開發中國家締約方的首要和最上位的優先事項。

8. 在履行本條各項承諾時,各締約方應充分考慮按照本公約需要採取哪些行動, 包括與提供資金、保險和技術移轉相關之行動,以滿足開發中國家締約方由於氣候變遷的不利影響和/或執行應對措施所造成的影響,特別是對下列各類國家的影響,而產生之具體需要和考量:

    (a) 小島嶼國家;

    (b) 有低窪沿海地區的國家;

    (c) 有乾旱和半乾旱地區、森林地區和容易發生森林退化的地區的國家;

    (d) 有易遭自然災害地區的國家;

    (e) 有容易發生旱災和沙漠化的地區的國家;

    (f) 有城市大氣嚴重污染的地區的國家;

    (g) 有脆弱生態系統包括山區生態系統的國家;

    (h) 其經濟高度依賴於礦物燃料和相關的能源密集產品的生產、加工和出口帶來的收入,和/或高度依賴於這種燃料和產品的消費的國家;

    (i) 內陸國和過境國;此外,締約方大會可酌情就本款採取行動。

9. 各締約方在採取有關提供資金和技術移轉的行動時,應充分考量到低度開發國家的具體需要和特殊情況。

10. 各締約方應按照第十條,在履行本公約各項承諾時,慮及經濟容易受到執行因應氣候變遷的措施所造成的不利影響傷害之締約方、特別是開發中國家締約方。尤其適用於其經濟高度依賴於礦物燃料和相關的能源密集產品的生產、加工和出口所帶來的收入,或高度依賴於此種燃料和產品的消費,

或高度依賴於礦物燃料的使用，又極難改用其他燃料之締約方。

第五條

研究和系統觀測

在履行第四條第 1 項（g）款下的承諾時，各締約方應：

(a)　考量到避免工作重複之需求，酌情支持並進一步發展跨國或跨政府之計畫和網絡、或目標為定性、進行、評估、研究資援（資助研究）、資料蒐集、系統性觀測之組織；酌情進行支援以及進一步發展國際及跨政府之計畫、網絡和機構，其目標在於界定、執行、評估與資助研究；資料蒐集、以及系統觀測，其中應將儘量降低重複相同之努力納入考慮。

(b)　援助跨國和跨政府之工作以強化系統性觀測及國內科學技術研究能力和性能（能力與潛能），特別是開發中國家；以及促進關於來自國家管轄範圍外區域的資料和分析之近接與交流；和

(c)　慮及開發中國家的特別考量和需求，並合作改善其自主能力與潛能、以及上述（a）款（b）款中所述工作參與之能力。

第六條

教育、培訓和公眾意識

在履行第四條第 1 項（i）款下的承諾時，各締約方應：

(a)　酌情在國家層級、次區域和區域之層級，根據國內法和規定，在各自的能力範圍內，推動和促進：

　　（一）擬訂和實施有關氣候變遷及其影響的教育和公眾認知之計畫；

（二） 公眾近接有關氣候變遷及其影響的資訊；

（三） 公眾參與因應氣候變遷及其影響和擬訂適當的對策；和

（四） 培訓科學、技術和管理人員。

(b) 在國際層級，酌情利用現有的機構，在下列領域進行合作並促進：

（一）編寫並交換氣候變遷及其影響方面之教育及公眾認知之素材；
和

（二）擬訂並實施教育和培訓計畫，包括此領域之國家機構強化、為
培訓專業人員而為之人員交流或借調，特別是開發中國家。

第七條

締約方大會

1. 茲設立締約方大會。

2. 締約方大會作為本公約的最高機構，應定期審查本公約的履行情況和締約
方大會可能通過的任何相關法律文件，並應依其職權，作出促進有效履行
公約之必要決定。為此，締約方大會應：

(a) 本於本公約之目標，定期審查締約方之責任及本公約下之制度安排，
因履行而獲得之經驗、以及科學與科技知識之進展；

(b) 考量締約方不同的環境、責任和能力，以及其各自在本公約下之承諾，
推動促進各締約方為處理氣候變遷及其影響而採取的措施及其成果
之資訊交流；

(c) 在二個以上締約方的要求下，考量締約方不同的環境、責任和能力，
以及其各自在本公約下之承諾，促進其在處理氣候變遷措施及其影
響之協作；

(d) 根據本公約之目標與規定，促進與指導經締約方大會同意的可比較方法論之發展與定期更正，特別是在準備溫室氣體排放源與匯的清除之清冊、以及在評估各種限制排放和強化移除此等氣體的措施之有效性上；

(e) 根據依本公約規定獲得的所有資訊；評估各締約方履行公約的情況和依照公約所採取措施的總體影響，特別是環境、經濟和社會影響及其累計影響，以及就實現本公約目標之當前進展；

(f) 審查並通過關於本公約履行情況的定期報告，並確保其公開；

(g) 就任何事項作出為履行本公約所必須的建議；

(h) 按照第四條第 3、第 4 和第 5 項及第十一條，設法募集資金；

(i) 設立其認為履行公約所必需的附屬機構；

(j) 審查其附屬機構提出的報告，並向它們提供指導；

(k) 以共同協商方式合意並通過締約方大會和任何附屬機構的議事規則和財務規則；

(l) 酌情尋求和利用各國際主管機關和跨政府及非政府機構間提供的服務、合作各項資訊；

(m) 實行達到公約目標所需之各項功能、以及公約下所指派的其他所有功能。

3. 締約方大會應在其第一屆會議上通過其本身的議事規則，以及本公約所設立的附屬機構的議事規則，其中應包括關於本公約規定之各種決策程序與未予規定事項的決策程序。此等程序可包括通過具體決定所需之特定多數。

4. 締約方大會第一屆會議應由第二十一條所述的臨時秘書處召集，並應不遲於本公約生效日期後一年舉行。其後，除締約方大會另有決定外，締約方大會的常會應年年舉行。

5. 締約方大會特別會議應在締約方大會認為必要的其他時間舉行，或應任何締約方的書面要求而舉行，但須在秘書處將該要求轉達給各締約方後六個月內得到至少三分之一締約方的支持。

6. 聯合國及其專門機構和國際原子能機構，以及其非為本公約締約方的會員國或觀察員，均可作為觀察員出席締約方大會的各屆會議。任何在本公約所涉事項上具備資格的團體或機構，不論其為國家或國際的、政府或非政府的，除非出席的締約方有三分之一以上反對，經通知秘書處其願意作為觀察員出席締約方大會的某屆會議後，均得獲准參與。前揭觀察員之獲准及參與，應遵循締約方大會通過之議事規則。

第八條

秘書處

1. 茲設立秘書處。

2. 秘書處的職能應為：

   (a) 安排締約方大會及依本公約設立之附屬機構的各屆會議，並向它們提供所需的服務；

   (b) 匯編和傳遞向其提交的報告；

   (c) 應締約方之要求，在依公約規定要求之資訊彙編和通訊方面，促進對締約方、特別是開發中國家締約方之協助；

   (d) 編制關於其活動的報告，並提交給締約方大會；

   (e) 確保與其他有關國際機構的秘書處的必要協調；

   (f) 在締約方大會的全面指導下訂立為有效履行其職權而可能需要的行政和契約安排；和

(g)　行使本公約及其任何議定書所規定的其他秘書處職能、以及締約方大會可能賦予的其他職能。

3.　締約方大會應在其第一屆會議上指定一常設秘書處,並為其行使職權作出安排。

第九條

附屬科學與技術諮詢機構

1.　茲設立附屬科學與技術諮詢機構 ,就與公約相關之科學與技術事項,向締約方大會並酌情向締約方大會的其他附屬機構提供即時資訊與諮詢。本機構應開放供所有締約方參加,並應具備多重學科專業。本機構應由具相關專門領域能力之政府代表組成。本機構應定期就其工作各項事宜向締約方大會報告。

2.　在締約方大會指導下和借鑑於現有主管國際機構,本機構應:

(a)　就有關氣候變遷及其影響之最新科學知識提出評估;

(b)　就履行公約所採取措施之影響進行科學評估;

(c)　確定創新、有效率及最先進之技術與專有技術,並就促進此類技術之發展和或移轉的途徑與方法提供諮詢;

(d)　就有關氣候變遷的科學計畫、研究與發展之國際合作,以及就支持開發中國家能力建構之途徑與方法,提供諮詢;和

(e)　答覆締約方大會及其附屬機構得向其提出之科學、技術和方法問題。

3.　本機構之職能與職權範圍得由締約方大會進一步制定。

第十條

附屬履行機構

1.　茲設立附屬履行機構，以協助締約方大會評估和審查本公約之有效履行。
本機構應開放供所有締約方參加，並由為氣候變遷相關事務專家之政府代
表組成。本機構應定期就其工作各項事宜向締約方大會報告。

2.　在締約方大會之指導下，本機構應：

(a)　考量依第十二條第 1 項提供的資訊，參照有關氣候變遷的最新科學
評估，對各締約方所採取步驟的總體合計影響作出評估；

(b)　慮及依第十二條第 2 項通報之資訊，以協助締約方大會進行第四條
第 2 項（d）款所要求的審查；和

(c)　於適當時協助締約方大會擬訂和執行其決議。

第十一條

資金機制

1.　茲確定一機制，以援助金或特許為基礎提供資金，包括用於技術轉移者。
本機制應於締約方大會指導下行使職能並對其負責，其與本公約有關之政
策、計畫優先順序及資格標準，亦應由締約方大會定之。本機制之運作應
委託一個或多個現有國際實體負責。

2.　本資金機制應在一個透明治理制度下，以衡平與平等方式代表所有締約方。

3.　締約方大會與受託負責資金機制運作之實體，應議定實施上述各項之安排，
其中應包括：

(a)　確保所資助之氣候變遷因應計畫符合締約方大會所制定的政策、計
畫優先順序及資格標準之辦法；

(b)　依據這些政策、計畫優先順序及資格標準，重新考慮某項供資決定之

辦法；

(c) 依循前述第 1 項所述之負責要求，由該實體定期向締約方大會提供
關於其供資運作之報告；

(d) 以可預測與可辨識之方式，確定執行本公約所必須且可得之資金數
額，並定期審查確定此數額所依據之條件。

4. 締約方大會應於第一屆會議作出履行前述規定之安排，同時審查與考量到
第二十一條第 3 項所指之臨時安排，並應決定該臨時安排是否應予維持。
其後四年內，締約方大會應審查資金機制，並採取適當措施。

5. 已開發國家締約方亦得透過雙邊、區域及其他多邊途徑，提供並由開發中
國家締約方取得與履行本公約相關之資金。

第十二條

履約相關資訊之通訊

1. 依據第四條第 1 項，每一締約方應透過秘書處，向締約方大會通報具有下
列內容之資訊：

(a) 於其能力允許範圍內，以締約方大會議定並將推行之相應方法，編成
關於《蒙特婁議定書》未予管制之所有溫室氣體之各種源的人為排放
與各種匯的清除之國家清冊

(b) 對締約方為履行公約所採取或考量的步驟之一般性描述；以及

(c) 締約方認為與實現本公約宗旨有關且宜列入其通訊之任何其他資訊，
於可行時包括與計算全球排放趨勢相關之資料。

2. 附件一所列每一已開發國家締約方和每一其他締約方，應於其通訊中列入
以下各項資訊：

(a) 關於該締約方為履行其第四條第 2 項（a）款與（b）款下承諾所採取政策和措施之詳細描述；和

(b) 關於本項（a）款所述政策和措施在第四條第 2 項（a）款所述期間，對溫室氣體各種源的人為排放和各種匯的清除所產生影響之具體估計。

3. 此外，附件二所列每一已開發國家締約方和每一其他已開發國家締約方，應列入依據第四條第 3 項、第 4 項及第 5 項所採取措施之詳情。

4. 開發中國家締約方得在自願基礎上，提出需要資助之計畫，包括為執行該計畫所需之特定科技、材料、設備、技術或作法，並於可能情形下附上對所有增加費用、溫室氣體排放減量、增加清除量以及所生效益之估計。

5. 附件一所列每一已開發國家締約方和每一其他締約方，應於公約生效後六個月內，提供第一次通訊。未列入該附件之每一締約方，則應於公約對其生效後或依據第四條第 3 項獲得資金後三年內，提供第一次通訊。低度開發國家締約方可自行決定何時提供第一次資訊。其後所有締約方提供通訊之頻率，應由締約方大會考量本項所規定之差別時間表予以確定。

6. 各締約方依據本條所提供之通訊，應由秘書處盡速轉交給締約方大會與任何相關之附屬機構。必要時，締約方大會得進一步考量通訊之提供程序。

7. 締約方大會應自第一屆會議起，安排向提出請求之開發中國家締約方提供技術與資金援助，以彙編與提供本條所規定之通訊，並確定依第四條規定所擬議之計畫和因應措施相關之技術與資金需求。該支援得酌情由其他締約方、主管國際組織及秘書處提供。

8. 遵照締約方大會制定之指導並經事先通知締約方大會，任何一組締約方得共同提供通訊以履行其於本條下之義務，惟該通訊之提供須包括關於其中每一締約方履行其於本公約下個別義務之資訊。

9. 秘書處收到經締約方依據締約方大會所訂標準指明為機密之資訊，於提供

予任何參與通訊和資訊審查之機構前，應由秘書處加以彙整，以保護其機密性。

10. 作為本條第 9 項之主體，且不對任何締約方於任何時候公開其通訊之能力有所偏見，秘書處應將締約方在本條下之通訊，於締約方提交予締約方大會時予以公開。

第十三條

解決與履約有關之問題

締約方大會應於第一屆會議上考量設立一多邊協商程序，供締約方請求用以解決與履約相關之問題。

第十四條

爭端解決

1. 1.任何兩個或以上之締約方間就本公約解釋或適用發生爭端時，相關締約方應透過協商談判或其另行選擇之其他和平方式，尋求該爭端之解決。

2. 2.非為區域經濟整合組織之締約方於批准、接受、贊同或加入本公約時，或於其後任何時點，得提交書面文件予寄存處，聲明關於本公約解釋或適用之任何爭端，其對接受相同義務之任何締約方，不待另訂特別協議而受下列義務當然強制拘束：

   (a)　將爭端提交國際法院，和/或

   (b)　按照將由締約方大會儘早通過並載於仲裁附件之程序進行仲裁。

   作為區域經濟整合組織之締約方，得就本條（b）款所指仲裁程序，發表具同類效果之聲明。

3. 依本條第 2 項所作之聲明，在其所載有效期間屆滿前，或在書面撤回通知寄存於寄存處後的三個月內，應一直有效。

4. 除爭端各當事方另有協議外，新作聲明、作出撤回通知或聲明有效期滿均不得影響國際法院或仲裁庭繫屬中之爭端解決程序。

5. 在不影響本條第 2 項運作之情況下，若一締約方通知另一締約方其間存在爭端後逾十二個月，當事締約方尚未能透過本條第 1 項所述方式解決爭端，經任何爭端當事方之要求，應將爭端提交調解。

6. 經爭端之一當事方請求，應設立調解委員會。調解委員會應由各當事方委派數目相同之成員組成，其主席由各當事方委派成員共同推選之。調解委員會應作出建議性裁決，各當事方應善意考量之。

7. 有關調解之補充程序，應由締約方大會儘速以調解附件的形式予以通過。

8. 本條各項規定應適用於締約方大會可能通過之任何相關法律文件，除非該文件另有規定。

第十五條

公約的修正

1. 任何締約方均可對本公約提出修正。

2. 對本公約的修正應在締約方大會之常會上通過。對本公約提出的任何修正文件應由秘書處在擬議通過該修正的會議之前至少六個月致送各締約方。秘書處還應將提出的修正致送本公約各簽署方，並致送寄存處以供參考。

3. 各締約方應盡一切努力以共同協商方式就對本公約提出的任何修正達成合意。如為求共識已盡一切努力但仍未達成協議，作為最後的方式，該修正應以出席會議並參加表決的締約方四分之三多數票通過。通過的修正應由秘書處致送寄存處，再由寄存處轉送所有締約方供其接受。

4.　對修正的接受文書應寄存於寄存處。按照本條第 3 項通過之修正，應於寄存處收到本公約至少四分之三締約方的接受文書之日後第九十天起，對接受該修正的締約方生效。

5.　對於其他締約方，修正應在該締約方向寄存處寄存接受該修正的文書之日後第九十天起對其生效。

6.　為本條的目的，"出席並參加表決之締約方"是指出席並投下贊成票或反對票的締約方。

第十六條

公約附件的通過和修正

1.　本公約的附件應屬本公約不可分割之部分，除另有明文規定外，本公約之援用同時及於其所有附件。在不妨害第十四條第 2 項（b）款和第 7 項規定的情況下，這些附件應限於清冊、表格和屬於科學、技術、程序或行政性質的所有其他說明性資料。

2.　本公約的附件應按照第十五條第 2 項、第 3 項 和第 4 項所規定之程序提出和通過。

3.　按照本條第 2 項通過的附件，應於寄存處向公約的所有締約方致送關於通過該附件通知之日起六個月後，對所有締約方生效，但不包括在此期間以書面形式通知寄存處不接受該附件的締約方。對於撤回其不接受通知的締約方，該附件應自寄存處收到撤回通知之日後第九十天起對其生效。

4.　對公約附件的修正的提出、通過和生效，應依照本條第 2 項和第 3 項對公約附件的提出、通過和生效規定的同一程序進行。

5.　如果附件或對附件的修正的通過涉及對本公約的修正，則該附件或對附件的修正應在對公約的修正生效後，方可生效。

第十七條

議定書

1. 締約方大會可在任何一屆常會上通過本公約之議定書。

2. 任何擬議的議定書文件應由秘書處在舉行該屆會議之至少六個月前致送各締約方。

3. 任何議定書的生效條件應由該文件加以規定。

4. 只有本公約的締約方才可成為議定書的締約方。

5. 任何議定書下的決定只應由該議定書的締約方作出。

第十八條

表決權

1. 除本條第 2 項另有規定外，本公約每一締約方應擁有一票表決權。

2. 區域經濟整合組織就其職權內事項，應依其成員國中締約方之總數行使表決權，當此類組織之任一成員國，行使各別表決權時，該組織不得行使表決權，反之亦然。

第十九條

寄存處

聯合國秘書長應為本公約及按照第十七條通過之議定書的寄存處。

第二十條

簽署

本公約應開放供聯合國會員國、或任何聯合國專門機構的成員國、或國際法院規約的當事國、和各區域經濟整合組織簽署，簽署地點於聯合國環境與發展會議期間在里約熱內盧、之後於 1992 年 6 月 20 日至 1993 年 6 月 19 日在紐約聯合國總部。

第二十一條

臨時安排

1.　在締約方大會第一屆會議結束前，將由聯合國大會於 1990 年 12 月 21 日第 45/212 號決議所設立的秘書處，在臨時基礎上行使規定於第八條秘書處之職能。

2.　本條第 1 項所規定的臨時秘書處首長將與政府間氣候變遷專家委員會密切合作，以確保該委員會能夠對提供客觀科學和技術諮詢的需求作出反應，亦可諮詢其他相關之科學機構。

3.　聯合國開發計畫署、聯合國環境規劃署和國際復興開發銀行的全球環境基金，應為一國際實體，在臨時基礎上受託運作第十一條所規定之金融機制。在這方面，全球環境基金應適當地重建，且其成員應具普遍性，使其得以達到第十一條之需求。

第二十二條

批准、接受、贊同或加入

1.　本公約須經各國和各區域經濟整合組織批准、接受、贊同或加入。公約應自簽署截止日之次日起開放供加入。批准、接受、贊同或加入之文書應寄存於寄存處。

2.　任何成為本公約締約方而其成員國均非締約方的區域經濟整合組織應受

本公約所有義務之約束。若區域經濟整合組織的一個或數個成員國為本公約的締約方，該組織及其成員國應按各自之責任來決定如何履行本公約之義務。在此種情況下，該組織及其成員國不得同時行使本公約規定的權利。

3. 區域經濟整合組織應在其批准、接受、贊同或加入的文書中，就其處理適用本公約事務上之權能為聲明。該類組織還應就其權能範圍的任何重大變更通知寄存處，寄存處應再通知各締約方。

第二十三條

生效

1. 本公約應在第五十份批准、接受、贊同或加入之文書寄存之日後第九十天起生效。

2. 對於在第五十份批准、接受、贊同或加入之文書寄存後方批准、接受、贊同或加入本公約的任一國家或區域經濟整合組織，本公約應自該國或該區域經濟整合組織批准、接受、贊同或加入的文書寄存之日後第九十天起生效。

3. 於本條第 1 和第 2 項之適用，區域經濟整合組織寄存的任何文書不應被計為該組織成員國之額外寄存。

第二十四條

保留

不得對本公約作任何保留。

第二十五條

退出

1.　自本公約對任一締約方生效之日起三年後，該締約方可隨時向寄存處發出書面通知退出本公約。

2.　任何退出應自寄存處接受通知日一年期限屆至、或其通知所載較晚之期日起生效。

3.　退出本公約的任何締約方，應被視為亦退出其作為締約方的所有議定書。

第二十六條

作准文本

　　本公約正本應寄存於聯合國秘書長，其阿拉伯文、中文、英文、法文、俄文和西班文本同為作准。

　　下列簽署人，經正式授權，在本公約上簽字，以昭信守。

　　一九九二年五月九日訂於紐約。

附件一

澳洲	列支敦斯登
奧地利	立陶宛
白俄羅斯	盧森堡
比利時	摩納哥
保加利亞	荷蘭
加拿大	紐西蘭
克羅埃西亞	挪威
捷克共和國	波蘭
丹麥	葡萄牙
歐盟	羅馬尼亞
愛沙尼亞	俄羅斯聯邦
芬蘭	斯洛伐克
法國	斯洛維尼亞
德國	西班牙
希臘	瑞典
匈牙利	瑞士
冰島	土耳其
愛爾蘭	烏克蘭
義大利	大不列顛及愛爾蘭聯合王國
日本	美國
拉脫維亞	

附件二

澳洲	日本
奧地利	盧森堡
比利時	荷蘭
加拿大	紐西蘭
丹麥	挪威
歐盟	葡萄牙
芬蘭	西班牙
法國	瑞典
德國	瑞士
希臘	土耳其
冰島	大不列顛及北愛爾蘭聯合王國
愛爾蘭	美國
義大利	

五：京都議定書

京都議定書

繁體中文

本議定書各締約方，

作為《聯合國氣候變化綱要公約》（以下簡稱《公約》）締約方，

為實現《公約》第二條所述之最終目標，以及《公約》之各項規定，

在《公約》第三條的指導下，

按照《公約》締約方大會第一屆會議在第 1/CP.1 號決議中通過的"柏林授權"，茲協議如下：

第一條

為本議定書的目的，《公約》第一條所載定義應予適用。此外：

1. "締約方大會"係指《公約》締約方大會。

2. "公約"係指 1992 年 5 月 9 日在紐約通過的《聯合國氣候變化綱要公約》。

3. "政府間氣候變遷專家委員會"指世界氣象組織和聯合國環境規劃署於 1988 年聯合設立的政府間氣候變遷專門委員會。

4. "蒙特婁議定書"指 1987 年 9 月 16 日在蒙特婁通過、後經調整和修訂的《關於破壞臭氧層物質的蒙特婁議定書》。

5. "出席並參加表決的締約方"指出席會議並投贊成票或反對票的締約方。

6. "締約方"係指本議定書締約方，除非文中另有說明。

7.　“附件一所列締約方”係指《公約》附件一及經修正後之所列締約方，或根據《公約》第四條第 2 項（g）款作出通知之締約方。

第二條

1.　附件一所列每一締約方，為實現第三條所述關於其量化的限制和減少排放的承諾時，為促進永續發展，應：

（a）　依其本國情況執行並/或進一步詳訂之政策或措施，諸如：

（一）增強本國經濟相關部門的能源效率；

（二）保護和增強《蒙特婁議定書》未予管制的溫室氣體的匯和庫，同時考慮到其依有關的國際環境協定作出的承諾；促進永續森林管理的實踐、造林和再造林；

（三）在考慮到氣候變遷之情況下促進永續農業模式；

（四）研究、促進、開發和增加使用新能源和再生能源、二氧化碳碳封存技術和有益於環境的創新技術；

（五）逐漸減少或逐步淘汰所有溫室氣體排放部門與《公約》目標相反之市場缺陷、財政誘因、稅收關稅之免除和補貼，並採用市場工具；

（六）鼓勵相關部門之適當改革，以促進限制或減少未受《蒙特婁議定書》管制之溫室氣體排放的政策或措施；

（七）限制和/或減少未受《蒙特婁議定書》管制之溫室氣體排放在運輸部門之措施；

（八）通過廢棄物管理及能源的生產、運輸和分配中的回收和使用

限制和/或減少甲烷排放；

(b) 根據《公約》第四條第 2 項（e）款第（一）目，同其他此類締約方合作，以增強它們依本條通過之政策和措施的個別和合併的有效性。為達此目的，這些締約方應採取步驟以分享它們關於這些政策和措施的經驗並交流資訊，包括設法改進這些政策和措施的可比較性、透明度和有效性。作為本議定書締約方會議之《公約》締約方大會應在第一屆會議上、或在此後一旦實際可行時，考量得促進此類合作之方式，並同時慮及所有相關資訊。

2. 附件一所列締約方應分別通過國際民航組織和國際海事組織作出努力，謀求限制或減少航空和海運之燃料所產生未受《蒙特婁議定書》管制之溫室氣體的排放。

3. 附件一所列締約方應以下述方式努力履行本條中所指政策和措施，即最大地減少各種不利影響，包括對氣候變遷的不利影響、對國際貿易的影響、以及對其他締約方－尤其是開發中國家締約方和《公約》第四條第 8 項和第 9 項中所特別指明之締約方的社會、環境和經濟影響，並同時慮及《公約》第三條。作為本議定書締約方會議的《公約》締約方大會可以酌情採取進一步行動促進本項規定的實施。

4. 作為本議定書締約方會議的《公約》締約方大會如決定就本條第 1 項（a）款中所指任何政策和措施進行協調是有助益的，應於納入其國家情況和潛在影響後，一併就闡明前述政策與措施協調之方法和手段予以考慮。

第三條

1. 附件一所列締約方應個別地、或共同地確保其在附件 A 所列溫室氣體之人為二氧化碳當量排放總量不超過按照附件 B 中所載之量化限制、減少排放之承諾以及根據本條的規定所計算其分配之數量，以使其在 2008 年至

2012 年承諾期內，將此等氣體之總排放量較 1990 年之水準至少減少 5%。

2. 在 2005 年，附件一所列締約方，應在履行其依本議定書規定的承諾方面，作出可證實的進展。

3. 直接由人類引起的土地利用變化和林業活動，即自 1990 年以來之造林、重新造林和砍伐森林，所產生的溫室氣體源的排放和匯的清除方面的淨變化，作為每個承諾期碳封存方面可查證的變化來衡量，應用以實現附件一所列每一締約方依本條規定的承諾。與這些活動相關的溫室氣體源的排放和匯的清除應以透明且可查證的方式作出報告，並依第七條和第八條進行審查。

4. 在作為本議定書締約方會議之《公約》締約方大會第一屆會議前，附件一所列每一締約方應提供資料供附屬科學與技術諮詢機構 進行考量，以確立其 1990 年的碳封存水準，並得估計之後各年碳封存方面的變化。作為本議定書締約方會議之《公約》締約方大會應在第一屆會議、或在其後一旦實際可行時，就涉及與農業土壤、土地利用變化和森林部門各種溫室氣體源的排放和匯的清除方面變化相關之因人類引起的其他活動，應如何加到附件一所列締約方的分配額中，或從中減去的模式、規則和指導作出決定，同時慮及各種不確定性、報告的透明度、可查證性、政府間氣候變遷專家委員會的工作方法、附屬科學與技術諮詢機構 根據第五條提供的諮詢意見以及《公約》締約方大會的決定。此項決定應適用於第二個承諾期以後之各期。締約方得選擇在額外由人類引起之活動上，於第一承諾期內適用該決定，惟前述活動限於 1990 年起已進行者。

5. 該基準年或基準期乃依《公約》締約方大會第二屆會議第 9/CP.2 號決議所確定。正在向市場經濟轉型的附件一所列締約方，為履行其依本條規定的承諾，應使用該基準年或基準期。正在向市場經濟轉型但尚未依《公約》第十二條提交其第一次國家通訊的附件一所列任何其他締約方，也可通知作為本議定書締約方會議之《公約》締約方大會，其有意使用 1990 年以

外之歷史基準年或基準期，以履行其依本條所為之承諾。作為本議定書締約方會議之《公約》締約方大會應決定是否接受此通知。

6. 考量到《公約》第四條第 6 項，作為本議定書締約方會議之《公約》締約方大會，應允許正在向市場經濟轉型的附件一所列締約方，在履行其除本條規定承諾以外之承諾方面，有一定程度的彈性。

7. 在從 2008 年至 2012 年第一個量化限制和減少排放的承諾期內，附件一所列每一締約方的分配額，應等於在 1990 年附件 B 中對附件 A 所列溫室氣體、或按照上述第 5 項確定的基準年或基準期內其人為二氧化碳當量的排放總量所載的其百分比乘以 5。土地利用變化和林業對其構成 1990 年溫室氣體排放淨源的附件一所列之締約方，為計算其分配額的目的，應在它們 1990 年排放基準年或基準期計入各種源的人為二氧化碳當量排放總量減去 1990 年土地利用變化產生的各種匯的清除。

8. 附件一所列任一締約方，為本條第 7 項所指之計算目的，可使用 1995 年作為氫氟碳化物、全氟化碳和六氟化硫的基準年。

9. 附件一所列締約方對之後期間的承諾應在對本議定書附件 B 的修正中加以確定，此類修正應根據第二十一條第 7 項的規定予以通過。作為本議定書締約方會議之《公約》締約方大會應至少在本條第 1 項中所指第一個承諾期結束之前七年開始考量此類承諾。

10. 一締約方根據第六條和第十七條的規定，從另一締約方獲得的任何排放減量單位或分配額的任何部分，應計入受轉讓締約方的分配額。

11. 一締約方根據第六條和第十七條的規定轉讓給另一締約方的任何排放減量單位或一個分配額的任何部分，應從轉讓締約方的分配額中減去。

12. 一締約方根據第十二條規定從另一締約方獲得的任何經證明的排放減量單位應記入受轉讓締約方的分配額。

13. 如附件一所列一締約方在一承諾期內的排放少於其依本條確定的分配額，

應締約方之要求，該差額應記入該締約方之後承諾期的分配額。

14. 附件一所列每一締約方應以下述方式努力履行本條第 1 項的承諾，即最大限度地減少對開發中國家締約方之影響，尤其是《公約》第四條第 8 項和第 9 項所指那些締約方不利的社會、環境和經濟影響。依照《公約》締約方大會關於履行這些條款的相關決議，作為本議定書締約方會議之《公約》締約方大會，應在第一屆會議上考量可採取何種必要行動以儘量減少氣候變遷之不利後果和/或對應措施將對各條所述締約方帶來的影響。須予考量的問題應是資金籌措、保險和技術移轉。

第四條

1. 凡訂立協議共同履行其依第三條規定的承諾的附件一所列任何締約方，只要其依附件 A 中所列溫室氣體的合併的人為二氧化碳當量排放總量不超過附件 B 中所載根據其量化限制和減少排放的承諾、和根據第三條規定所計算的分配額，就應被視為履行了這些承諾。分配給該協議每一締約方的各自排放水準應載明於該協議。

2. 任何此類協議的各締約方應在它們寄存批准、接受或核准本議定書或加入議定書之日將該協議內容通知秘書處。其後秘書處應將該協議內容通知《公約》締約方和簽署方。

3. 任何此類協議應在第三條第 7 項所指承諾期的持續期間內繼續實施。

4. 如締約方在一區域經濟整合組織的框架內並與該組織一起共同行動，該組織的組成在本議定書通過後的任何變動不應影響依本議定書規定的現有承諾。該組織在組成上的任何變動只應適用於那些繼續該變動後通過的依第三條規定的承諾。

5. 一旦該協議的各締約方未能達到它們的合併減少排放水準，此類協議的每一締約方應對協議中載明之自身排放水準負責。

6.　如締約方在區域經濟組織的框架內、且與同為議定書締約方之該經濟組織共同行動,則不論該經濟組織的會員國獨自、或和該經濟組織同依第 24 條行動,若未能達到總針之合併減少排放水準,則依本條應對其受通知之排放水準負責。

第五條

1.　附件一所列每一締約方,應在不遲於第一個承諾期開始前一年,確立一個估算《蒙特婁議定書》未予管制的所有溫室氣體的各種源的人為排放和各種匯的清除的國家體系。對該國家體系之指導,應納入本條第 2 項所指定之方法學,該指導應由作為本議定書締約方會議的《公約》締約方大會第一屆會議予以決定。

2.　估算《蒙特婁議定書》未予管制的所有溫室氣體的各種源的人為排放和各種匯的清除的方法學,應由政府間氣候變遷專家委員會所接受,並經《公約》締約方大會第三屆會議所同意。如不使用這種方法學,則應根據作為本議定書締約方會議之《公約》締約方大會第一屆會議同意的方法學作出適當調整。作為本議定書締約方會議之《公約》締約方大會,應基於、特別是政府間氣候變遷專家委員會的工作和附屬科學與技術諮詢機構 提供的諮詢意見,定期審查和酌情修訂這些方法學、並作出調整,同時充分考慮到《公約》締約方會議作出的任何有關決定。對方法學的任何修訂或調整,應只用於為在該修訂後通過的任何承諾期內確定依第三條規定的承諾的遵守情況。

3.　用以計算附件 A 所列溫室氣體的各種源的人為排放和各種匯的清除的全球增溫潛勢,應由政府間氣候變遷專家委員會所接受,並經《公約》締約方大會第三屆會議同意。作為本議定書締約方會議之《公約》締約方大會,除其他外,應基於政府間氣候變遷專家委員會的工作和附屬科學與技術諮詢機構 提供的諮詢意見,定期審查和酌情修訂每種此類溫室氣體的全球

升溫潛勢，同時充分考慮到《公約》締約方大會作出的任何有關決定。對全球升溫潛勢的任何修訂，應只適用於該修訂後所通過任何承諾期依第三條規定之承諾。

第六條

1. 為了履行第三條的承諾之目的，附件一所列之任一締約方，得向任何其他此類締約方轉讓或從它們獲得由任何經濟部門旨在減少溫室氣體的各種源的人為排放、或增強各種匯的人為清除的計畫所產生的排放減量單位，但：

    (a) 任何此類計畫須經有關締約方批准；

    (b) 任何此類計畫須能減少源的排放，或增強匯的清除，該減少或增強對任何以其他方式發生的任何減少或增強屬額外的；

    (c) 締約方如不遵守其依第五條和第七條規定的義務，則不可獲得任何排放減量單位；

    (d) 排放減量單位的獲得應是對為履行第三條規定的承諾而採取的本國行動的補充。

2. 作為本議定書締約方會議之《公約》締約方大會，可在第一屆會議、或其後一旦實際可行時，為履行本條，進一步訂定指導，其中包括查核和報告。

3. 附件一所列締約方可以授權法律實體，在該締約方負責的情況下下參加可導致依本條產生、轉讓或獲得排放減量單位的行動。

4. 如依第八條的有關規定，附件一所列締約方履行本款所指的要求有被定義之問題，排放減量單位的轉讓和受轉讓在查明問題後可繼續進行，但在任何遵約問題獲得解決之前，一締約方不可使用任何排放減量單位來履行其依第三條的承諾。

第七條

1.   附件一所列每一締約方，應在其根據《公約》締約方大會的相關決議提交的《蒙特婁議定書》未予管制的溫室氣體的各種源的人為排放和各種匯的清除的年度清冊內，列載根據本條第 4 項所確定為確保遵守第三條的目的而必要的補充資訊。

2.   附件一所列每一締約方應在其依《公約》第十二條提交的國家通訊中列載依本條第 4 項決定的必要補充資訊，以示其遵守本議定書所規定承諾的情形。

3.   附件一所列每一締約方，應自本議定書對其生效後的承諾期第一年，根據《公約》提交第一次清冊，每年提交本條第 1 項所要求的資訊。每一此類締約方應提交依本條第 2 項所要求的資訊，作為在本協議書對其生效後、和依本條第 4 項規定通過指導後應提交的第一次國家通訊之一部。其後提交依本條所要求之資訊的頻率，應由作為本議定書締約方會議之《公約》締約方大會決定，同時慮及《公約》締約方大會就提交國家通訊決定的任何時間表。

4.   作為本議定書締約方會議之《公約》締約方大會，應在第一屆會議通過並在其後定期審查編制本條所要求資訊的指導，同時慮及《公約》締約方大會通過的附件一所列締約方編制國家通訊之指導。作為本議定書締約方會議之《公約》締約方大會，還應在第一個承諾期之前就計算分配額的方式作出決定。

第八條

1.   附件一所列每一締約方依第七條提交的國家通訊，應由專家審查小組根據《公約》締約方大會決定、並依照作為本議定書締約方會議之《公約》締約方大會依本條第 4 項為此目的通過之指導進行審查。附件一所列每一締

約方依第七條第 1 項所提交的資訊，應作為排放清冊和分配額的年度匯編和年度計算的一部分予以審查。此外，附件一所列每一締約方依第七條第 2 款提交的資訊，應作為通訊審查的一部分進行審查。

2.　依締約方大會為此目的提供之指導，專家審查小組應由秘書處進行協調，並應自各《公約》締約方提名之專家遴選組成，且得酌情加入政府間組織之專家。

3.　審查過程中應對締約方履行本議定書之各方面作出徹底和全面的技術評估。專家審查小組應編寫一份報告提交於本議定書締約方會議之《公約》締約方大會，在報告中評估締約方履行承諾的情形，並指明在履行承諾方面所有潛在的問題、以及影響到實現承諾的各種因素。此類報告應由秘書處分送《公約》之所有締約方。並應列明此類報告中指明的任何履行問題，以供作為本議定書締約方會議之《公約》締約方大會予以進一步審查。

4.　專家審查小組在對本議定書之履行進行審查時，須慮及《公約》締約方大會所做出之相關決議。作為本議定書締約方會議之《公約》締約方大會，應在第一屆會議通過對專家審查小組審查之指導，並在其後定期審查該指導。

5.　作為本議定書締約方會議之《公約》締約方大會，應在附屬履行機構、並酌情在附屬科學與技術諮詢機構 的協助下審議：

(a)　締約方按照第七條提交的資訊和按照本條進行專家審查之報告；

(b)　秘書處根據本條第 3 項列明之履行問題，以及締約方提出的任何問題。

6.　根據對本條第 5 項所指資訊之審查情況，作為本議定書締約方會議之《公約》締約方大會，應就任何事項作出為履行本議定書所必要的決定。

第九條

1. 作為本議定書締約方會議之《公約》締約方大會，應參照可以得到關於氣候變遷及其影響的最佳科學資訊和評估，以及相關的技術、社會和經濟資訊，定期審查本議定書。此審查應和《公約》之相關審查進行協調、特別是受《公約》第四條第 2 項（d）款和第七條第 2 項（a）款所要求者。基於此審查，作為本議定書締約方會議之《公約》締約方大會，應採取適當行動。

2. 第一次審查應在作為本議定書締約方會議之《公約》締約方大會第二屆會議上進行。進一步的審查應定期適時進行。

第十條

　　所有締約方，考慮到它們的共同但有區別的責任，以及它們特殊的國家和區域發展優先順序、目標和環境，在不對未列入附件一的締約方作出任何新的承諾、但重申《公約》第四條第 1 項中規定的現有承諾並繼續促進履行這些承諾以實現永續發展的情況下，考慮到《公約》第四條第 3 項、第 5 項和第 7 項，應：

(a) 在相關且可能之範圍內，制訂符合成本效益的國家方案以及在適當情況下的區域方案，以改進可反映每一締約方社會經濟狀況的地方排放因素、活動數據和/或模式的素質，用以編制和定期更新《蒙特婁議定書》未予管制的溫室氣體的各種源的人為排放和各種匯的清除的國家清冊，同時採用將由《公約》締約方大會議定的可比較方法，並與《公約》締約方大會通過的國家通訊準備之指導相一致；

(b) 制訂、實施、出版和定期增訂包含減緩氣候變遷措施和促進適當調適氣候變遷措施的國家方案，並酌情及於區域方案；

　　甲、 此類方案，除其他外，將涉及能源、運輸和工業部門以及農業、林業和廢棄物管理。此外，改善空間規劃之調適技術和調適方法亦能改善

氣候變遷之調適；以及

乙、 附件一所列締約方應根據第七條提交本議定書下行動之資訊、其中包括國家方案；其他締約方應嘗試酌情在它們的國家通訊中列入載有締約方認為有助於對應氣候變遷及其不利影響之措施，包括對溫室氣體排放增加的減少、匯的強化和來自匯的清除、能力建設和調適措施的方案之資訊；

(c) 合作促進有效之方式，以發展、應用、傳播、並採取一切實際步驟酌情提倡、促進、資助與氣候變遷有關環境無害技術、知識、做法、和過程之移轉與近用，特別是針對開發中國家，包括為有效移轉公有或公共領域環境無害技術之政策和方案的制訂，並為私部門創造有利之環境，以促進並強化環境無害技術之移轉和近用；

(d) 在科學技術研究方面促進合作，促進維持和發展有系統的觀測系統並發展數據庫，以減少與氣候系統相關的不確定性、氣候變遷的不利影響和各種反應策略的經濟和社會效果、並促進發展和加強內生能力和性能以參與國際及政府間關於研究和系統觀測的努力、方案和網絡，並慮及《公約》第五條；

(e) 在國際層級合作，並酌情利用現有機構，促進擬訂和實施教育及培訓方案，包括加強本國能力建設，特別是加強人才和機構能力、交流或調派人員培訓領域的專家，尤其是培訓開發中國家的專家，並在國家層級促進公眾意識和公眾獲得有關氣候變遷的資訊。應發展適當方式通過《公約》的相關機構實施這些活動，並慮及《公約》第六條；

(f) 根據《公約》締約方大會的相關決議，在國家通訊中列入依本條進行之方案和活動；

(g) 在履行依本條規定的承諾方面，充分慮及《公約》第四條第 8 項。

第十一條

1. 在履行第十條方面，締約方應慮及《公約》第四條第 4 項、第 5 項、第 7 項、第 8 項和第 9 項的規定。

2. 在履行《公約》第四條第 1 項的範圍內，根據《公約》第四條第 3 項和第十一條的規定，並透過《公約》資金機制的經營實體，《公約》附件二所列已開發國家締約方和其他已開發國家締約方應：

    (a) 提供新的、額外的資金幫助開發中國家締約方支付在促進履行第十條（a）款所指《公約》第四條第 1 項（a）款規定的既有承諾方面所生經同意之全部費用；

    (b) 還應提供開發中國家締約方在促進履行第十條所指《公約》第四條第 1 項中規定、和開發中國家締約方與《公約》第十一條所指國際實體根據該條同意的現有承諾方面，經同意之全部增加費用而所需的資金，包括技術移轉。這些現有承諾的履行應考慮到資金流量必需充足且可以預測、以及已開發國家締約方之間適當分擔負擔的重要性。《公約》締約方大會相關決議中的《公約》資金機制指導，包括本議定書通過之前商定的那些指導，應經必要修正適用於本項的規定。

3. 《公約》附件二所列已開發國家締約方和其他已開發國家締約方也可以通過雙邊、區域和其他多邊渠道為履行第十條提供資金，供開發中國家締約方利用。

第十二條

1. 茲確定一種清潔發展機制。

2. 清潔發展機制的目的是協助未列入附件一的締約方實現永續發展和對《公約》最終目標作出貢獻，並協助附件一所列締約方實現遵守第三條規定之

量化排放限制和減少排放的承諾。

3. 　依清潔發展機制：

　　(a) 　未列入附件一之締約方將從受驗證具排放減量之計畫活動中獲益；

　　(b) 　附件一所列締約方可利用通過此種計畫活動獲得的經驗證之排放減量，促進遵守由作為本議定書締約方會議之《公約》締約方大會所決議依第三條規定之量化的限制和減少排放的承諾之一部份。

4. 　清潔發展機制應置於由作為本議定書締約方會議之《公約》締約方大會的權力和指導下，並由清潔發展機制的執行理事會監督。

5. 　每一項目活動產生的排放減量，須經作為本議定書締約方會議之《公約》締約方大會指定的經營實體根據以下各項作出證明：

　　(a) 　經每一有關締約方批准的自願參加；

　　(b) 　與減緩氣候變遷相關之實際的、可衡量的、長期的效益；

　　(c) 　排放減量對於未經驗證之計畫活動的情況下產生的任何排放減量而言是額外的。

6. 　如有必要，清潔發展機制應協助安排經驗證之計畫活動的籌資。

7. 　作為本議定書締約方會議之《公約》締約方大會，應在第一屆會議上擬訂模式和程序，以期通過計畫活動的獨立審計和查核，確保透明度、效率和可靠性。

8. 　作為本議定書締約方會議之《公約》締約方大會，應確保經驗證之計畫活動所產生之部份收益用於支付行政開支和協助特別易受氣候變化不利影響的開發中國家締約方支付調適費用。

9. 　對於清潔發展機制的參與，包括本條第 3 項（a）款所指的活動、及獲得經驗證的排放減量之參與，可包括私實體和/或公實體，並須遵照清潔發展

機制執行理事會可能提出的一切指導。

10. 在自 2000 年起至第一個承諾期開始的這段時期內所獲得之經驗證的排放減量，可用以協助在第一個承諾期內之遵約。

第十三條

1. 作為《公約》之最高機構，《公約》締約方大會應作為本議定書之締約方會議。

2. 非為本議定書締約方之《公約》締約方，得作為觀察員參與作為本議定書締約方會議之《公約》締約方大會各屆會議之所有議事。當《公約》締約方大會作為本議定書之締約方會議時，本議定書下之決議僅得由本議定書締約方為之。

3. 在《公約》締約方大會作為本議定書之締約方會議時，《公約》締約方大會理事成員中，有代表《公約》締約方但在當時非屬本議定書締約方之成員時，應另自本議定書締約方中選任代表替換之。

4. 作為本議定書締約方會議之《公約》締約方大會，應定期審查本議定書之履行情況，並應在其授權範圍內作成為促進本議定書有效履行所必要之決議。締約方會議應履行本議定書賦予之職能，並應：

    (a) 基於依本議定書之規定而得之所有資訊，評估締約方履行本議定書之情況與根據本議定書採取之措施的總體影響，尤其是環境、經濟、社會影響及其累積影響，以及實現《公約》目標方面取得進展的程度；

    (b) 依據《公約》之目標、在履約中所獲得之經驗及科學技術知識之進展，定期檢視本議定書規定之締約方義務，同時適當考量《公約》第四條第 2 項（d）款和第七條第 2 項所要求的任何審查，並考量與通過關於本議定書履約情形之定期報告；

(c) 提升與促進各締約方為因應氣候變遷及其影響所採取措施之資訊交流，同時考慮到締約方不同之情形、責任和能力，以及其於本議定書下之個別承諾；

(d) 應兩個或更多締約方之請求，促進該締約方為因應氣候變遷及其影響所採取措施間之協調，同時慮及締約方不同之情形、責任和能力，以及其於本議定書下之個別承諾；

(e) 依據《公約》之目標與本議定書之規定，並充分考慮到《公約》締約方大會之相關決議，促進和指導利於本議定書有效履行之相應方法的發展與定期改進，並由作為本議定書締約方會議之《公約》締約方大會議定；

(f) 就任何與履行本議定書所必須之事項作出建議；

(g) 依據第十一條第 2 款，設法動員額外之資金；

(h) 設立為履行本議定書而視為必要之附屬機構；

(i) 酌情尋求與利用各主管國際組織、政府間和非政府機構提供的服務、合作及資訊；以及

(j) 行使為履行本議定書所必須之其他職能，並考量《公約》締約方大會決議所指派的一切任務。

5. 除作為本議定書締約方會議之《公約》締約方大會本諸共識而另有決議者外，本議定書準用《公約》締約方大會的議事規則和依《公約》規定採用的財務規則。

6. 作為本議定書締約方會議之《公約》締約方大會的第一屆會議，應由秘書處協同本議定書生效日之後預定舉行的第一屆《公約》締約方大會召開之。其後作為本議定書締約方會議之《公約》締約方大會常會，除作為本議定書締約方會議之《公約》締約方大會另有決議外，應與《公約》締約方大

會常會協同舉行。

7. 作為本議定書締約方會議之《公約》締約方大會的特別會議，應在作為本議定書締約方會議之《公約》締約方大會認為必要的其他時間，或應任何締約方之書面請求而召開之。惟後者須在秘書處將該書面請求致送各締約方後六個月內得到三分之一以上締約方支持。

8. 聯合國及其專門機構和國際原子能總署，及其非屬《公約》締約方的成員國或觀察員，均得派代表以觀察員身分出席參與作為本議定書締約方會議之《公約》締約方大會的各屆會議。除出席的締約方至少三分之一反對者外，因與本議定書所含括事務相關而適格之任何團體或機構，不論是國家、國際、政府、非政府者，均得經通知秘書處其以觀察員身分派遣代表出席參與作為本議定書締約方會議之《公約》締約方大會的某會議之意願，而被接納。觀察員之接納與參加應適用依據本條第 5 項所制定之議事規則。

第十四條

1. 依《公約》第八條設立之秘書處，應作為本議定書的秘書處。

2. 《公約》第八條第 2 項秘書處職能與第 3 項秘書處職能行使安排之規定，於本議定書準用之。秘書處另應行使本議定書所賦予之職能。

第十五條

1. 《公約》第九條和第十條設立的附屬科學與技術諮詢機構 與附屬履行機構，應分別作為本議定書的附屬科學與技術諮詢機構 與附屬履行機構。《公約》關於此二機構行使職能之規定，於本議定書準用之。本議定書的附屬科學與技術諮詢機構 和附屬履行機構之各屆會議，應分別與《公約》的附屬科學與技術諮詢機構 和附屬履行機構的會議聯合舉行。

2.　非為本議定書締約方之《公約》締約方，得作為觀察員參與附屬機構各屆
　　會議之所有議事。當該附屬機構同時為本議定書之附屬機構時，於本議定
　　書下所為決議其效力僅及於本議定書之締約方。

3.　當依據《公約》第九條和第十條所設立之附屬機構行使與本議定書相關事
　　項之職能時，若附屬機構理事成員中，有代表《公約》締約方但當時非屬
　　本議定書締約方之成員時，應另自本議定書締約方中選任代表替換之。

第十六條

　　作為本議定書締約方會議之《公約》締約方大會，應參照《公約》締約方
大會可能作出的一切相關決議，在一旦實際可行時考量對本議定書之適用，並
酌情修改《公約》第十三條所指的多邊協商程序。適用於本議定書之任何多邊
協商程序的運作，不應損害依第十八條所設立之程序和機制。

第十七條

　　《公約》締約方大會應就排放交易，特別是其查證、報告和課責性相關的
原則、方式、規則和指導。為履行其依第三條規定所為之承諾，附件 B 所列任
何締約方得參與排放交易。任何此種交易應係補充為實現該條規定之量化限制
與減少排放之承諾而採取的本國行動。

第十八條

　　作為本議定書締約方會議之《公約》締約方大會，應於第一屆會議通過適
當且有效的程序和機制，用以決定和處理不遵循本議定書規定之事例，包括考
量不遵循之原因、類型、程度及頻率後，就後果所列出之示意性清單。依本條
而致具拘束力後果的任何程序與機制，應以本議定書修正案的方式通過。

第十九條

有關本議定書爭端之解決，準用《公約》第十四條之規定。

第二十條

1. 任何締約方均可對本議定書提出修正。

2. 對本議定書的修正應在作為本議定書締約方會議之《公約》締約方大會常
    會上通過。對本議定書提出之所有修正案，應由秘書處在擬議通過該修正
    的會議前至少六個月致送各締約方。秘書處另應將提出的修正致送《公約》
    的締約方和簽署方，並致送寄存處以供參考。

3. 各締約方應盡一切努力以共同協商方式對本議定書提出的任何修正達成
    合意。如為求共識已盡一切努力但仍未達成協議，作為最後的方式，該項
    修正應以出席會議並參加表決的締約方四分之三多數票通過。通過之修正
    應由秘書處致送寄存處，再由寄存處轉送所有締約方供其接受。

4. 對修正的接受文書應交存於寄存處。依本條第 3 項通過之修正，應於寄存
    處收到至少四分之三締約方的接受文書之日後第九十天起，對接受該項修
    正的締約方生效。

5. 對於其他締約方，修正應在該締約方向寄存處交存其對該項修正的接受文
    書之日後第九十天起對其生效。

第二十一條

1. 本議定書之附件應屬本議定書不可分割之部分，本議定書之援用同時及於
    其所有附件。任何在本議定書生效後通過之附件，應限於清冊、表格和屬
    於科學、技術、程序或行政性質的任何其他說明性材料。

2. 任何締約方可對本議定書提出附件提案，並可對本議定書的附件提出修正。

3. 本議定書的附件和對本議定書附件的修正應在作為本議定書締約方會議之《公約》締約方大會的常會上通過。提出的任何附件、或對附件修正的文件，應由秘書處在擬議通過該項附件、或對該附件修正的會議之前至少六個月致送各締約方。秘書處還應將提出的任何附件或對附件的任何修正的文書致送《公約》締約方和簽署方，並致送寄存處以供參考。

4. 各締約方應盡一切努力以共同協商方式就提出的任何附件或對附件的修正達成合意。如為求共識已盡一切努力但仍未達成協議，作為最後的方式，該項附件或對附件的修正，應以出席會議並參加表決的締約方四分之三多數票通過。通過的附件或修正應由秘書處致送寄存處，再由寄存處致送所有締約方供其接受。

5. 除附件 A 和附件 B 之外，根據本條第 3 項和第 4 項通過或修正的附件、或對附件的修正，應於寄存處向本議定書的所有締約方發出關於通過該附件、或通過該附件修正的通知之日起六個月後對所有締約方生效，但不包括此期間書面通知寄存處不接受該項附件或不接受該項附件修正的締約方。對於撤回其不接受之通知的締約方，該項附件或對該附件的修正應自寄存處收到撤回通知之日後第九十天起對其生效。

6. 如附件或對附件的修正的通過涉及對本議定書的修正，則該附件或對附件的修正應待對議定書的修正生效之後方可生效。

7. 對本議定書附件 A 和附件 B 的修正應根據第二十條中規定的程序予以通過並生效，但對附件 B 的任何修正只應以有關締約方書面同意的方式通過。

第二十二條

1. 除本條第 2 項所規定外，每一締約方應有一票表決權。

2. 區域經濟整合組織就其職權內事項，應依其成員國中締約方之總數行使表

決權，當此類組織之任一成員國，行使各別表決權時，該組織不得行使表決權，反之亦然。

第二十三條

聯合國秘書長應為本議定書的寄存處。

第二十四條

1. 本議定書應開放供屬《公約》締約方之各國和區域經濟整合組織簽署，並交由其批准、接受或核准。本議定書應自 1998 年 3 月 16 日至 1999 年 3 月 15 日在紐約聯合國總部開放簽署。此後，本議定書應自簽署截止日之次日起開放供加入。批准、接受、核准或加入的文書應交付寄存處。

2. 任何成為本協定締約方而其成員國均非締約方的區域經濟整合組織，該組織仍應受本協定所有義務之拘束。若區域經濟整合組織的一個或數個成員國為本協定的締約方，該組織及其成員國應按其各自之責任來決定如何履行本協定之義務。在此種情況下，該組織及其成員國不得同時行使本協定規定的權利。

3. 區域經濟整合組織應在其批准、接受、核准或加入的文書中，就其處理適用本協定事務上之權能為聲明。該類組織還應就其權能範圍的任何重大變更通知寄存處，寄存處應再通知各締約方。

第二十五條

1. 本議定書應在不少於 55 個《公約》締約方、包括其合計二氧化碳排放總量至少占附件一所列締約方的 1990 年二氧化碳排放總量的 55% 之附件一所列締約方寄存其批准、接受、核准或加入的文書之日後第九十天起生效。

2. 為了本條的目的，"附件一所列締約方 1990 年二氧化碳排放總量"指在通過本議定書之日或之前附件一所列締約方按照《公約》第十二條提交的第一次國家通訊中提報的數量。

3. 對於在本條第 1 項規定的生效條件達到之後批准、接受、贊同或加入本議定書的每一國家或區域經濟整合組織，本議定書應自該國家或區域經濟整合組織批准、接受、贊同或加入的文書寄存之日後第九十天起生效。

4. 為本條之目的，區域經濟整合組織寄存的任何文書不應被視為該組織成員國所寄存文書之外的額外文書。

第二十六條

不得對本議定書作任何保留。

第二十七條

1. 自本議定書對一締約方生效之日起三年後，該締約方可隨時以書面方式向寄存處發出通知退出本議定書。

2. 前項之退出得自寄存處接受通知日一年期限屆至、或其通知所載較晚之期日起生效。

3. 退出《公約》的任何締約方，應被視為亦退出本議定書。

第二十八條

本議定書正本應寄存於聯合國秘書長處，其阿拉伯文、中文、英文、法文，俄文和西班牙文文本同等作準。

一九九七年十二月十一日訂於京都。

下列簽署人，經正式授權，於規定之日期在本議定書上簽字，以昭信守。

附件 A

溫室氣體	部門/源類別
二氧化碳（CO2）	能源
甲烷（CH4）	燃料燃燒
氧化亞氮（N2O）	能源工業
氫氟碳化物（HFCs）	製造業和建設
全氟化碳（PFCs）	運輸
六氟化硫（SF6）	其他部門
	其他
	燃料的易散性排放
	固體燃料
	石油和天然氣
	其他
	工業
	礦產品
	化工業
	金屬生產

其他生產

碳鹵化合物和六氟化硫的生產

鹵碳化合物和六氟化硫的消費

其他

溶劑和其他產品的使用

農業

腸道發酵

糞肥管理

水稻種植

農用土壤

對熱帶大草原進行有規定的燃燒

對農作物殘留物的田間燃燒

其他

廢物

陸地固體廢棄物處置

廢水處置

廢棄物焚化

其他

聯合國氣候變化綱要公約與巴黎協定

附件 B

缔约方	排放量限制或削減承諾 （**1990 年起的百分比變化**）
澳大利亞	108
奧地利	92
比利時	92
保加利亞	92
加拿大	94
克羅埃西亞	95
捷克共和國	92
丹麥	92
愛沙尼亞	92
歐盟	92
芬蘭	92
法國	92
德國	92
希臘	92
匈牙利	94
冰島	110

愛爾蘭	92
義大利	92
日本	94
拉脫維亞	92
列支敦斯登	92
立陶宛	92
盧森堡	92
摩納哥	92
荷蘭	92
紐西蘭	100
挪威	101
波蘭	94
葡萄牙	92
羅馬尼亞	92
俄羅斯聯邦	100
斯洛伐克	92
斯洛維尼亞	92
西班牙	92
瑞典	92
瑞士	92

聯合國氣候變化綱要公約與巴黎協定

烏克蘭	100
大不列顛及北愛爾蘭聯合王國	92
	92
美國	93

六：京都議定書之多哈修正案

京都議定書之多哈修正案
繁體中文

第一條：修正

A. 京都議定書附件 B

締 約 方	量化的限制或減少排放的承諾（2008-2012 年）（基準年或基準期百分比）	量化的限制或減少排放的承諾（2013-2020年）（基準年或基準期百分比）	參考年註1	量化的限制或減少排放的承諾（2013-2020年）（以參考年百分比表示）註1	2020 年前減少溫室氣體排放的保證（參考年百分比）註2
澳洲	108	99.5	2000	98	-5 至-15%或-25%註3
奧地利	92	80 註4	NA	NA	
白俄羅斯 5*		88	1990	NA	-8%
比利時	92	80 註4	NA	NA	
保加利亞*	92	80 註4	NA	NA	
克羅埃西亞*	95	80 註6	NA	NA	-20%/-30%註7

賽浦勒斯		80 註 4	NA	NA	
捷克共和國*	92	80 註 4	NA	NA	
丹麥	92	80 註 4	NA	NA	
愛沙尼亞*	92	80 註 4	NA	NA	
歐盟	92	80 註 4	1990	NA	-20%/-30% 註 7
芬蘭	92	80 註 4	NA	NA	
法國	92	80 註 4	NA	NA	
德國	92	80 註 4	NA	NA	
希臘	92	80 註 4	NA	NA	
匈牙利*	94	80 註 4	NA	NA	
冰島	110	80 註 8	NA	NA	
愛爾蘭	92	80 註 4	NA	NA	
義大利	92	80 註 4	NA	NA	
哈撒克*		95	1990	95	-7%
拉脫維亞*	92	80 註 4	NA	NA	
列支敦斯登	92	84	1990	84	-20%/30% 註 9
立陶宛*	92	80 註 4	NA	NA	
盧森堡	92	80 註 4	NA	NA	

馬爾他		80 註 4	NA	NA	
摩納哥	92	78	1990	78	-30%
荷蘭	92	80[4]	NA	NA	
挪威	101	84	1990	84	-30%至-40%註 10
波蘭*	94	80 註 4	NA	NA	
葡萄牙	92	80 註 4	NA	NA	
羅馬尼亞*	92	80 註 4	NA	NA	
斯洛伐克*	92	80 註 4	NA	NA	
斯洛維尼亞*	92	80 註 4	NA	NA	
西班牙	92	80 註 4	NA	NA	
瑞典	92	80	NA	NA	
瑞士	92	84.2	1990	NA	-20%至-30%註 11
烏克蘭*	100	76 註 12	1990	NA	-20%
大不列顛及北愛爾蘭聯合王國	92	80 註 4	NA	NA	
加拿大註 13	94				

聯合國氣候變化綱要公約與巴黎協定

日本註 14	94	
紐西蘭 註 15	100	
俄羅 斯聯 邦註 16*	100	

縮略：NA=不適用。

* 正在向市場經濟轉型的國家。

以下所有註腳，除了註腳 1、註腳 2 和註腳 5，都出自於相關締約方的通訊。

1. 參考年可作為締約方之選擇基礎，以為締約方之目的而表述其量化排放限制或減量承諾（QELRC），並轉為該參考年排放量之百分比，惟此並不受京都議定書下之國際法拘束，此外，有關本表第二列和第三列基準年列出之締約方 QELRC，仍受國際法拘束。

2. 該 等 保 證 之 進 一 步 資 訊 載 於 FCCC/SB/2011/INF.1/Rev.1 、FCCC/KP/AWG/2012/MISC.1、Add.1、以及 Add.2 之文件。

3. 澳洲《京都議定書》第二承諾期之 QELRC 與澳洲在 2020 年實現較 2000 年水準再減少排放 5%之無條件目標相一致。澳洲保留在某些特定條件得到滿足之後逐步提高 2020 年目標之選擇，自相較於 2000 年之水準減少排放 5%，至減少排放 15%或 25%。此處保留了《坎昆協議》下之承諾情況，不構成本《議定書》或其相關規則和模式之下之具法律約束力之新承諾。

4. 依京都議定書第四條，歐盟與其會員國在京都議定書下第二承諾期之 QELRC，立基於該 QELRC 將被歐盟及其會員國共同落實之理解上。QELRC 不影響歐盟及其會員國隨後提出之通知，亦即依京都議定書條文

共同落實其承諾之協議。

5.　於附件 B 之增添來自依 10/CMP.2 決議通過之修正案，而該修正案仍尚未生效。

6.　依京都議定書第四條，克羅埃西亞在京都議定書下第二承諾期之 QELRC，立基於該 QELRC 將被歐盟及其會員國共同落實之理解上。因此，克羅埃西亞加入歐盟不影響其參與依第四條或其 QELRC 之共同落實協議。

7.　作為 2012 年後期之全球和全面協議的一部分，歐盟重申其附條件之提議：即至 2020 年，排放量相對於 1990 年水準減少 30%，該條件是其他已開發國家亦作出類似的排放減量承諾，而開發中國家亦根據其責任和各自的能力作出適當之貢獻。

8.　依京都議定書第四條，冰島在京都議定書下第二承諾期之 QELRC，立基於該 QELRC 將被歐盟及其會員國共同落實之理解上。

9.　第三列所列之 QELRC 指的是在 2020 年與 1990 年水準相較、減少排放 20% 之目標。列支敦斯登將考慮在 2020 年與 1990 年水準相較減少排放 30% 之更高目標，條件是其他已開發國家做出類似之減少排放承諾，且經濟發展更高之開發中國家亦根據其責任和各自的能力做出適當貢獻。

10.　挪威的 QELRC 訂為 84，符合該國在 2020 年與 1990 年水準相較減少排放 30% 之目標。若挪威能促成主要排放締約方依 2℃ 的目標、就減少排放達成一項全球和全面之協議，挪威將以在 2020 年與 1990 年水準相較減少排放 40% 為目標。此處保留《坎昆協議》下之承諾情況，不構成《議定書》下具法律約束力之新承諾。

11.　本表第三列所列 QELRC 指的是在 2020 年與 1990 年水準相較減少排放 20%。瑞士將考量在 2020 年與 1990 年水準相較減少排放 30% 之更高目標，條件是其他已開發國家做出類似之減少排放承諾，開放中國家亦依 2℃ 的目標、根據其責任和能力做出適當貢獻。此處保留《坎昆協議》下之承

諾情況，不構成《議定書》或其相關規則和模式下具法律約束力之新承諾。

12. 應予完全帶入，於此一合法取得之主權財產上，並不接受任何使用上之限制與註銷。

13. 於 2011 年 12 月 15 日，寄存人收到加拿大撤回《京都議定書》之書面通知。此項行動將於 2012 年 12 月 15 日對加拿大生效。

14. 在 2010 年 12 月 10 日的通訊中，日本指出其無意在 2012 年後承擔《京都議定書》第二承諾期之義務。

15. 紐西蘭仍是《京都議定書》締約方。其將依《聯合國氣候變化綱要公約》制定一個 2013 年至 2020 年的量化整體經濟範圍之減少排放指標。

16. 在秘書處於 2010 年 12 月 9 日所收到俄羅斯聯邦於 2010 年 12 月 8 日之通訊中，俄羅斯聯邦表示，無意為第二承諾期作出量化的限制或減少排放的承諾。

B. 《京都議定書》附件 A

以下述清單取代《議定書》附件 A "溫室氣體" 標題下之清單：

溫室氣體

二氧化碳（CO_2）

甲烷（CH_4）

一氧化二氮（N_2O）

氫氟碳化物（HFCs）

全氟化合物（PFCs）

六氟化硫（SF_6）

三氟化氮（NF3）

C. 第三條第 1 之 2 項

於《議定書》第三條第 1 項後插入下項：

1-2. 附件一所列締約方，應個別或共同確保其在附件 A 中所列溫室氣體人為二氧化碳當量排放總量，不超過附件 B 中所載之量化限制、減少排放之承諾以及根據本條的規定所計算之分配數量，以使其在 2013 年至 2020 年承諾期內，將此等氣體的總排放量至少自 1990 年之水準減少 18%。

D. 第三條第 1 之 3 項

於《議定書》第三條第 1 之 2 項後插入下項：

1-3. 附件 B 所列之締約方可提議做出一項調整，降低附件 B 第三列所定之量化限制和減少排放的承諾之百分比。該調整之提案，應由秘書處於通過該提案的《議定書》締約方會議之《公約》締約方大會前至少 3 個月，致送各締約方。

E. 第三條第 1 之 4 項

在《議定書》第三條第 1 之 3 項後插入下項：

1-4.為增加量化排放限制之企圖心、以及依第 3 條第 1 之 3 項的減少排放承諾，而由附件一所列締約方提議之調整，應被認為已經《議定書》締約方會議之《公約》締約方大會通過，除非出席會議並參加表決的四分之三以上締約方反對之。通過之調整應由秘書處致送寄存人，再由寄存人轉送所有締約方，並應於寄存人轉送締約方之次年的 1 月 1 日起生效。該調整對締約方具約束力。

F. 第三條第 7 之 2 項

在《議定書》第三條第 7 項後插入以下各項：

7-2. 自 2013 至 2020 年的第二個量化的限制、和減少排放的承諾期內，附件一所列每一締約方的分配數量，應等於在附件 B 所載表格第三列內對附件 A 所列溫室氣體在 1990 年、或按照本條第 5 項確定之基準年或基準期內，人為二氧化碳當量排放總量規定之百分比乘以 8。土地利用變化和林業對其構成 1990 年溫室氣體排放淨源的附件一所列締約方，為計算其配量之目的，應於其 1990 年排放基準年或基準期計入人為源二氧化碳當量排放總量減去 1990 年土地利用變化產生的匯清除量。

G. 第三條第 7 之 3 項

於《議定書》第三條第 7 之 2 項後插入下項：

7-3. 附件一所列締約方第二個承諾期的分配數量與上一承諾期前三年的平均年排放量間之任何正差乘以 8 後，應轉入該締約方之註銷帳戶中。

H. 第三條第 8 項

在《議定書》第三條第 8 項中，以下詞語：

本條第 7 項所指之計算

應替換為：

本條第 7 項和第 7 之 2 項所指之計算

I. 第三條第 8 之 2 項

在《議定書》第三條第 8 項後插入下項：

8-2. 附件一所列任一締約方，為本條第 7 之 2 項所指之計算目的，可使用 1995 年、或 2000 年，作為其三氟化氮的基準年。

J. 第三條第 12 之 2 項和第 12 之 3 項

在《議定書》第三條第 12 項後插入以下各項：

12-2. 附件一所列締約方，可利用《公約》下建立的市場機制所產生之任何單位，說明其兌現於第三條下量化的限制和減少排放的承諾。《公約》之締約方從另一締約方受轉讓之任何此類單位，應增加到受轉讓締約方之分配數量中、或自轉讓締約方所持有之分配數量中減去。

12-3. 作為本《議定書》締約方會議之《公約》締約方大會，應確保本條第 12 之 2 項所指市場機制下所核准之活動所產生、附件一所列締約方用以幫助兌現第三條下量化的限制和減少排放的承諾之單位，其部分用於支付行政開支、以及協助在氣候變遷不利影響上特別脆弱的開發中國家締約方支付調適費用，而此類單位須於第十七條下受轉讓。

K. 第四條第 2 項

在《議定書》第四條第 2 項第一句後加上下列文字：

，或在寄存任何依照第三條第 9 項對附件 B 進行修正之文書接受之日

L. 第四條第 3 項

《議定書》第四條第 3 項中，以下詞語：

，第 7 項

應替換為：及與其相關聯者

第二條：生效

本修正依《京都議定書》第二十條和第二十一條之規定生效。

七：巴黎協定

巴 黎 協 定

繁體中文

本協定締約方，

作為《聯合國氣候變化綱要公約》（下稱"《公約》"）締約方，

依據《公約》締約方大會第十七屆會議第 1/CP.17 號決議建立的德班加強行動平台，

遵循《公約》目標，並信守其原則，包括以衡平為基礎並體現共同但有區別的責任和各自能力的原則，同時本諸不同的國情，

認識到必須根據現有的最佳科學知識對氣候變遷的緊迫威脅作出有效和漸進的應對，

進一步認識到《公約》所述開發中國家締約方的具體需求和特殊情況，特別是那些對氣候變遷不利影響特別脆弱的開發中國家締約方的具體需求和特殊情況，

充分考慮到低度開發國家在籌資和技術移轉方面的具體需求和特殊情況，

認識到締約方不僅可能受到氣候變遷的影響，也可能受到因應氣候變遷所採取措施的影響，

強調氣候變遷的行動、其因應和影響，與衡平獲得永續發展和消除貧困有著內在的關係，

認識到保障糧食安全和消除饑餓為基本優先事項，以及糧食生產系統面對氣候變遷不利影響時的特殊脆弱性，

考量到務必根據國家擬定的優先發展事項，實現勞動力公正轉型、創造優質工作以及高品質就業機會，

承認氣候變遷是人類共同關注的問題，締約方在針對氣候變遷採取行動時，應當尊重、促進和考慮它們各自對人權、健康權；原住民、在地社區、遷徙者、兒童、身心障礙者、弱勢族群等之權利；以及發展權，與性別平等、婦女賦權和跨世代衡平等的義務，

認識到必須酌情保育和加強《公約》所述的溫室氣體的匯和庫，

注意到必須確保包括海洋在內的所有生態系統的完整性，保護被有些文化認作大地母親的生物多樣性，並注意到針對氣候變遷採取行動時關於某些"氣候正義"概念的重要性，

申明必須就本協定所涵蓋事項在各階層展開教育、訓練、公眾認知，公眾參與和公眾接取資訊以及合作的重要性，

認識到依據締約方各自的國內立法，使各層級政府和各行為者參與處理氣候變遷的重要性，

進一步認識到在已開發國家締約方帶領下的永續生活方式及其永續消費和生產模式，在對應氣候變遷上所居重要地位，

協定如下：

第一條

為本協定的目的，《公約》第一條所載的定義都應適用。此外：

1. "公約" 指 1992 年 5 月 9 日在紐約通過的《聯合國氣候變化綱要公約》；

2. "締約方大會" 指《公約》之締約方大會；"締約方" 指本協定締約方。

第二條

1. 本協定在加強《公約》，包括其目標的執行方面，旨在聯繫永續發展和消除貧困的努力，加強對氣候變遷威脅的全球應對，包括：

    (a) 把全球平均氣溫升幅控制在相當低於工業化前水準 2°C之內，並努力將氣溫升幅限制在低於工業化前水準 1.5°C之內，同時認識到這將大幅大減少氣候變遷的風險和影響；

    (b) 提高因應氣候變遷不利影響的調適能力，並以不威脅糧食生產的方式增強氣候韌性和溫室氣體低排放發展；

    (c) 使資金流向符合邁向溫室氣體低排放和氣候韌性發展的路徑。

2. 本協定的執行將按照不同的國情，反映衡平以及共同但有區別的責任和各自能力的原則。

第三條

作為全球因應氣候變遷的國家自定貢獻，所有締約方將承諾並通報第四條、第七條、第九條、第十條、第十一條和第十三條所界定的有企圖心之努力，以落實本協定第二條所述的目的。所有締約方的努力將隨著時間的推移而逐漸增加，同時認識到需要支援開發中國家締約方，以利本協定的有效執行。

第四條

1. 為了落實第二條規定的長期氣溫目標，締約方意在儘快達到溫室氣體排放的全球峰值，同時認識到達峰對開發中國家締約方來說需要更長的時間；締約方並承諾達峰後援用既有最佳科技迅速減量，藉以聯繫永續發

展和消除貧困，並在衡平的基礎上，於本世紀下半葉實現溫室氣體源的人為排放與匯的消除之間的平衡。

2. 各締約方應編制、通報並保持它預期實現的下一期國家自定貢獻。締約方應採取國內減緩措施，以落實該貢獻的目標。

3. 各締約方下一期的國家自定貢獻將按不同的國情，逐步增加締約方現有的國家自定貢獻，並反映其最大可能的企圖心，同時反映其共同但有區別的責任和各自能力。

4. 已開發國家締約方應當繼續帶領，努力實現各部門絕對減量目標。開發中國家締約方應當繼續加強它們的減緩努力，並鼓勵它們根據不同的國情，逐漸實現各部門絕對減量或排放限制目標。

5. 應向開發中國家締約方提供協助，以根據本協定第九條、第十條和第十一條執行本條，同時認識到提升對開發中國家締約方的協助，將能夠提高它們在行動上之企圖心。

6. 低度開發國家和小島嶼開發中國家可編制和通報用以反映它們特殊情況的溫室氣體低排放發展策略、規劃和行動。

7. 從締約方的調適行動且/或經濟多樣化計畫中獲得的減緩共同利益，能促進本條所述減緩成果。

8. 在通報國家自定貢獻時，為利於清晰、透明及瞭解，所有締約方應根據第 1/CP.21 號決議和作為《巴黎協定》締約方會議之《公約》締約方大會的任何有關決議提供必要的資訊。

9. 各締約方應根據第 1/CP.21 號決議和作為《巴黎協定》締約方會議之《公約》締約方大會的任何有關決議，並參照第十四條所述的全球盤點的結果，每五年通報一次國家自定貢獻。

10. 作為《巴黎協定》締約方會議之《公約》締約方大會應在第一屆會議上

考量國家自定貢獻的共同期程。

11. 締約方可根據作為《巴黎協定》締約方會議之《公約》締約方大會通過的指導， 隨時調整其現有的國家自定貢獻，以強化其企圖心水準。

12. 締約方通報的國家自定貢獻應記錄在秘書處保管的一個公共登記簿上。

13. 締約方應核算它們的國家自定貢獻。締約方在核算相當於它們國家自定貢獻中的人為排放量和消除量時，應參採《巴黎協定》締約方會議之《公約》締約方大會所通過的指導，促進環境品質、透明度、精確性、完整性、相似性和一致性，並確保避免雙重核算。

14. 在國家自定貢獻方面，當締約方在認可和實施與人為排放和消除相關之減緩行動時，應按照本條第 13 項的規定，酌情參採《公約》所載的現有方法和指導。

15. 締約方在執行本協定時，應將其經濟受對應措施衝擊最嚴重的締約方，特別是開發中國家締約方所關注的問題納入考量。

16. 締約方，包括區域經濟整合組織及其成員國，一旦依據本條第 2 項達成採取聯合行動之協定，均應在通報國家自定貢獻時，將該協定的條款通知秘書處，包括相關期程內分配予各締約方的排放量。秘書處應將上開協定的條款通知《公約》的締約方和簽署方。

17. 就前揭第 16 項提及的協定，其締約方應按本條第 13 項和第 14 項以及第十三條和第十五條之規定，就該協定所之擬定的排放標準負責。

18. 如果締約方在其本身亦屬本協定的締約方經濟整合組織的架構下，與該組織一起參與聯合行動，該組織之成員國及該組織均應依據本條第 16 項協定所擬定、並依據本條第 13 項和第 14 項以及第十三條和第十五條，所提出通訊載明之排放標準負責。

19. 所有締約方應積極擬定並通報長期溫室氣體低排放發展策略，同時慮及

第二條之規定，應參採依不同國情下，其共同但有區別的責任和各自能力。

第五條

1. 締約方應當採取行動酌情保育和加強《公約》第四條第 1 項 d 款所述的溫室氣體的匯和庫，包括森林。

2. 鼓勵締約方採取行動，包括藉由成果基礎給付，履行與援助在《公約》下經同意有關指導和決議中提出之既有架構，俾利為減少毀林和森林退化所生排放之活動，而採取之政策方法和積極獎勵措施；以及對開發中國家保育、永續管理森林和森林碳儲量的增強；執行和援助替代政策方法，例如整合和永續之森林管理的共同減緩和調適方式，同時重申與此種方法相關之適當激勵以及非碳利益的重要性。

第六條

1. 締約方認識到，有些締約方選擇藉由自願合作以落實其國家自定貢獻、提高其減緩和調適行動的企圖心，以及促進永續發展和環境品質。

2. 締約方如果在自願的基礎上採取合作方法，並使用國際轉讓的減緩成果來實現國家自定貢獻，就應促進永續發展，確保環境品質和透明度，治理亦包括在內；並應運用穩健的核算，以主要依作為《巴黎協定》締約方會議之《公約》締約方大會通過的指導，確保避免重複計算。

3. 使用國際轉讓減緩成果來實現本協定下的國家自定貢獻，應本諸自願，並獲得到參與締約方之授權。

4. 於作為本協定締約方會議之《公約》締約方大會的授權和指導下，建立一項機制，供締約方自願使用，致力於減緩溫室氣體排放，並支持永續發展。

該機制應接受作為本協定締約方會議之《公約》締約方大會指定機構之監督，用以：

(a) 促進減緩溫室氣體排放，同時促進永續發展；

(b) 激勵和促進締約方授權下的公私實體參與減緩溫室氣體排放；

(c) 致力於地主國締約方減少排放量，使之從減緩活動所衍生之減量中受益，而此種減量成果亦可被另一締約方用來履行其國家自定貢獻；

(d) 實現全球排放的全面減緩。

5. 本條第 4 項所述機制產生的減量，若被另一締約方納入作為其國家自定貢獻之成果，則不應再被地主國締約方作為同目的之使用。

6. 作為本協定締約方會議之《公約》締約方大會，應確保本條第 4 項所述機制下之活動所產生的一部分收益用於負擔行政開支，以及協助對氣候變遷不利影響特別脆弱的開發中國家締約方支應調適成本。

7. 作為本協定締約方會議之《公約》締約方大會應在第一屆大會上通過本條第 4 項所述機制的規則、模式和程序。

8. 締約方認識到，在永續發展和消除貧困方面，必須以協調和有效的方式向締約方提供綜合、整體和平衡的非市場方法，包括主要透過適當的減緩、調適、融資、技術移轉和能力建制之有效協調措施，以協助執行其國家自定貢獻。這些措施應用以：

(a) 促進減緩和調適之企圖心；

(b) 加強公私部門於執行國家自定貢獻之參與；

(c) 創造跨越不同工具與相關制度安排間協力的機會。

9. 茲確立一個本條第 8 項提及的永續發展所謂非市場方法的架構，以推廣非市場方法。

第七條

1. 締約方茲確立關於提高調適能力、加強韌性和減少對氣候變遷脆弱度的全球調適目標，以促進永續發展，並確保對第二條所述之氣溫目標採取適當的調適對策。

2. 締約方認知到，調適是各方皆面臨之全球挑戰，具有地方、次國家、國家、區域和國際等面向，為保護人民、生計和生態系統而採取的氣候變遷長期全球因應措施的關鍵組成部分，同時也要考慮到對氣候變遷不利影響特別脆弱的開發中國家迫在眉睫的需求。

3. 應依據作為本協定締約方會議之《公約》締約方大會之第一屆會議所通過之模式式，承認開發中國家的調適努力。

4. 締約方認知到，當前的調適需求很大，提高減緩水準能減少額外調適努力之需求，增加調適需求可能會增加調適成本。

5. 締約方承認，調適行動應當遵循一種國家驅動、回應性別議題、具參與性和充分透明度之方法，同時考量到脆弱群體、社區和生態系統，並應基於且遵循現有的最佳科學知識，及適當的傳統知識、原住民知識和地方知識系統，以期適當地將調適納入相關的社會經濟與環境政策行動之中。

6. 締約方認知調適作為之援助和國際合作的重要性，以及參採開發中國家締約方需求之重要性，特別是對氣候變遷不利影響下特別脆弱的開發中國家。

7. 締約方應提高其加強調適行動方面之合作，同時考量《坎昆調適架構》，應包含：

   (a) 交流資訊、良好做法、獲得的經驗和教訓，適當地涵括有關調適行動方面的科學、規劃、政策和執行；

   (b) 加強制度性安排，包括《公約》下服務於本協定的制度性安排，以支援整合相關資訊和知識，並為締約方提供技術協助與指導；

(c) 加強關於氣候的科學知識，包括研究、對氣候系統的系統觀測和預警系統，以便為氣候服務提供參考，並支援決策；

(d) 協助開發中國家締約方確定有效的調適做法、調適需求、優先事項、為適應行動和努力提供和得到的支助、挑戰和差距，其方式應符合鼓勵良好做法；

(e) 提高調適行動的有效性和持久性。

8. 鼓勵聯合國專門組織和機構支持締約方努力執行本條第 7 項所述的行動，同時考慮到本條第 5 項的規定。

9. 各締約方應適當投入調適規劃期程並採取各種行動，包括制訂或加強相關的計劃、政策與/或貢獻，其中得包括：

(a) 落實調適行動、任務和/或努力；

(b) 關於制訂和執行國家調適計畫的程序；

(c) 評估氣候變遷影響和脆弱度，以擬訂國家制定的優先行動，同時考量處於脆弱地位的人民、地方和生態系統；

(d) 監測和評價調適計畫、政策、方案和行動並從中學習；

(e) 建設社會經濟和生態系統的韌性，包括通過經濟多樣化和自然資源的永續管理。

10. 各締約方應酌情定期提交和更新一項調適通訊，其中可包括其優先事項、執行和支援需求、規劃和行動，同時不對開發中國家締約方造成額外負擔。

11. 本條第 10 項所述調適通訊應酌情定期提交和更新，納入或結合其他通訊或文件提交，其中包括國家調適計劃、第四條第 2 項所述的一項國家自定貢獻和/或一項國家通訊。

12. 本條第 10 款所述的調適通訊應記錄在一個由秘書處保持的公共登記簿

上。

13. 根據本協定第九條、第十條和第十一條的規定，開發中國家締約方在執行本條第 7 項、第 9 項、第 10 項和第 11 項時應得到持續和強化之國際支援。

14. 第十四條所述的全球盤點應包括：

(a) 承認開發中國家締約方的調適努力；

(b) 加強履行調適活動，同時考量本條第 10 項所述的調適通訊；

(c) 審查調適的適切性和有效性以及對調適提供的支援情況；

(d) 審查在達到本條第 1 項所述之全球調適目標上所獲得之整體進展。

第八條

1. 締約方認識到避免、儘量減輕和處理氣候變遷（包括極端氣候事件和緩發事件）不利影響相關的損失和損害的重要性，以及永續發展對於減少損失和損害的作用。

2. 氣候變遷影響相關損失和損害華沙國際機制應受作為本協定締約方會議的《公約》締約方大會的領導和指導，並由作為本協定締約方會議的《公約》締約方大會決議予以加強。

3. 締約方應當在合作和提供便利的基礎上，包括酌情透過華沙國際機制，在氣候變遷不利影響所涉損失和損害方面加強理解、行動和支援。

4. 據此，為加強理解、行動和支持而展開合作和提供便利的領域包括以下方面：

(a) 預警系統；

(b) 緊急應變；

(c) 緩發事件；

(d) 可能涉及不可逆轉和永久性損失和損害之事件；

(e) 綜合性風險評估和管理；

(f) 風險保險機構，氣候風險分擔和其他保險方案；

(g) 非經濟損失；

(h) 社區、營生和生態系統之韌性。

5. 華沙國際機制應與本協定下現有機構、專家小組以及本協定以外的有關組織和專家機構合作。

第九條

1. 已開發國家締約方應就協助開發中國家延續其在《公約》現有減緩和調適之義務提供資金。

2. 鼓勵其他締約方自願提供或繼續提供這種支助。

3. 作為全球努力的一部分，已開發國家締約方應繼續帶領，從各種大量來源、手段及管道調動氣候資金，同時注意到公共基金通過採取各種行動，包括支持國家驅動策略而發揮的重要作用，並考慮開發中國家締約方的需要和優先事項。對氣候資金的這一調動應當逐步超過先前的努力。

4. 提供規模更大的資金資源，應旨在實現調適與減緩之間的平衡，同時考慮國家驅動策略以及開發中國家締約方的優先事項和需要，尤其是那些對氣候變遷不利影響特別脆弱和受到嚴重的能力限制的開發中國家締約方，如低度開發國家，小島嶼開發中國家的優先事項和需要，同時也考慮為調適提供公共資源和基於贈款的資源的需要。

5. 已開發國家締約方應適當根據情況，每兩年對與本條第 1 項和第 3 項相

關的指示性定量定性資訊進行通報，包括向開發中國家締約方提供的公共財政資源方面可獲得的預測水準。鼓勵其他提供資源的締約方也自願每兩年通報一次這種資訊。

6. 第十四條所述的全球盤點應考慮已開發國家締約方和/或本協定的機構提供的關於氣候資金所涉努力方面的有關資訊。

7. 根據第十三條第 13 款的規定，已開發國家締約方應按照作為《巴黎協定》締約方會議的《公約》締約方會議第一屆會議通過的模式、程序和指南，就透過公共干預措施向開發中國家提供和調動支助的情況，每兩年提供透明一致的資訊。鼓勵其他締約方也這樣做。

8. 《公約》的資金機制，包括其經營實體，應作為本協定的資金機制。

9. 為本協定服務的機構，包括《公約》資金機制的經營實體，應旨在透過精簡審批程序和提供進一步準備支助開發中國家締約方，尤其是低度開發國家和小島嶼開發中國家，來確保它們在國家氣候策略和規劃方面有效地獲得資金。

第十條

1. 締約方分享一個共同之長期願景，亦即充分確知藉技術開發和移轉，來促進因應氣候變遷之韌性和減少溫室氣體排放之重要性。

2. 注意到技術對於在本協定下執行減緩和調適行動的重要性，並認識到當前在技術部署和推廣上之努力，締約方應強化技術開發和移轉方面的合作行動。

3. 《公約》下設立的技術機制應供作本協定之用。

4. 基於本條第 1 項所揭示之長期願景，於茲設立一個技術架構，作為該技術機制在促進和加速技術開發和移轉的加強行動，以支持本協定之執行

的總體指導。

5. 加速、鼓勵和扶持創新，對於一個有效、長期的氣候變遷全球應對，以及在促進經濟增長與永續發展上，均至為關鍵。這種努力應適當的獲得援助；包括透過技術機制，以及藉《公約》財務機制，透過財務媒介，來援助研發之合作措施，以及促進開發中國家締約方接取技術，尤其是在技術週期之早期階段。

6. 應提供開發中國家締約方包括財務在內之援助，以利其執行本條之規定；包括，著眼於在支援減緩和調適之間達成平衡強化在技術週期不同階段的技術開發和移轉方面的合作行動。第十四條所示全球總結（或盤點）應參採為支持開發中國家締約方的技術開發和移轉所作努力的現有資訊。

第十一條

1. 本協定下的能力建構，應當加強開發中國家締約方，特別是能力最弱之國家，如低度開發國家，以及對氣候變遷不利影響特別脆弱的國家，如小島嶼開發中國家等的能力，以利其採取有效的氣候變遷行動；其中特別包括執行調適和減緩之行動，且應當促進技術之開發、推廣和部署，接取氣候資金，與教育、訓練和公眾認知等相關層面，以及透明、即時和正確的資訊傳遞。

2. 能力建構，尤其針對開發中國家締約方而言，不論在國家、準國家和地方之層級，應當由國家主導，本於並回應國家需求，且促進締約方的國家自主。能力建構應當以習自包括自《公約》能力建構活動所獲在內之經驗為指導，並應當是一種參與型、跨領域和注重性別問題的有效與互動程序。

3. 所有締約方應當合作來加強開發中國家締約方執行本協定的能力。已開發國家締約方應當加強對開發中國家締約方能力建構行動的支援。

4. 所有投入加強開發中國家締約方執行本協定能力之締約方，包括透過區域、

雙邊和多邊措施為之，應當定期通報該等能力建構行動或作為。開發中國家締約方應定期通報其為履行本協定所採行之能力建構計畫、政策、行動或措施的進程。

5.　應透過適當的制度性安排，包括於《公約》體制下設立而供作本協定之用者，以強化能力建構之活動，而有助於本協定的執行。作為本協定締約方會議之《公約》締約方大會，應在其第一屆會議考量並就其能力建構的初始體制化安排通過其決議。

第十二條

締約方應酌情合作採取措施，加強氣候變遷教育、培訓、公共宣傳、公眾參與和公眾獲取資訊，同時認識到這些步驟對於加強本協定下的行動的重要性。

第十三條

1.　為建立互信並促進有效履約，茲設立針對行動與支持之強化透明度架構，並參採締約方不同能力與集體經驗，內建彈性機制。

2.　透明度架構應對因個別能力而有需要之開發中國家締約方，提供履行本條規定之彈性。本條第 13 項所述之模式、程序及指導均應反映此彈性。

3.　透明度架構應建立於並加強《公約》下設立之透明度安排，同時認識到低度開發國家和小島嶼開發中國家之特殊情況，以促進性、非侵入性、非懲罰性及尊重國家主權之方式實施，並避免對締約方造成不當負擔。

4.　《公約》下設立之透明度安排，包括國家通報、兩年期報告與兩年期更新報告、國際評估與審查以及國際協商與分析，應為制定本條第 13 項模式、程序和指導時經驗借鑑之一部分。

5.　依據《公約》第二條之宗旨，行動透明度架構之目的係明確瞭解氣候變遷

行動，包括明確和追蹤各締約方在第四條下國家自定貢獻之落實進展；以及各締約方在第七條下之調適行動，包括良好作業優先事項、需求與落差，以供第十四條下之全球盤點參考。

6. 支援之透明度架構之目的係就各相關締約方於第四條、第七條、第九條、第十條及第十一條下氣候變遷行動方面提供與獲得的支援，提供具體明確性，並盡可能提供累計財務支援的完整概況，以供第十四條下之全球盤點參考。

7. 各締約方應定期提供以下資訊：

   (c) 利用政府間氣候變化專門委員會接受並由作為本協定締約方會議之《公約》締約方大會同意的良好範例方法學所編寫的一份含溫室氣體源的人為排放量和匯的消除量的國家清冊報告；

   (d) 追蹤在依據第四條執行和履行國家自定貢獻方面取得的進展所必需的資訊。

8. 各締約方還應適當提供與第七條下的氣候變遷衝擊與調適相關的資訊。

9. 已開發國家締約方應當，而提供協助的其他締約方得根據第九條、第十條和第十一條向開發中國家締約方就融資、技術移轉和能力建構協助提供資訊。

10. 開發中國家締約方應就第九條、第十條和第十一條下需要和接受資金、技術移轉和能力建構的支援情況提供資訊。

11. 應根據第 1/CP.21 號決議，對各締約方依本條第 7 項和第 9 項提交的資訊進行技術專家審查。對於因能力問題而對此有需要的開發中國家締約方，審查程序應包括確認能力建構需求方面的支援。此外，各締約方應參與促進性的多邊考量程序，以含括第九條下的工作成果以及各自執行和實現國家自定貢獻的進展情況。

12. 本項下的技術專家審查內容應包括適當審議締約方提供的支援，以及執行和實現國家自定貢獻的情況。審查也應確認締約方需改進的領域，並包括審查其資訊是否與本條第 13 項提及的模式、程序和準則相一致，同時考量在本條第 2 項下給予締約方的彈性。審查應特別注意開發中國家締約方各自的國家能力和國情。

13. 作為本協定締約方會議之《公約》締約方大會應在第一屆會議上根據《公約》下透明度相關安排所建立的經驗，詳細擬定本條的規定，採取具透明度的適當行動和協助，以通過通用的模式、程序和準則。

14. 應為開發中國家執行本條提供支援。

15. 應為開發中國家締約方建立透明度相關能力提供持續性的支援。

第十四條

1. 作為本協定締約方會議之《公約》締約方大會應定期盤點本協定的執行情況，以評估實現本協定宗旨和長期目標的集體進展情況（稱為「全球盤點」）。評估工作應以全面和促進性的方式展開，同時考慮減緩、調適問題以及執行和協助的方式問題，並顧及衡平和利用最佳可得科學知識。

2. 除作為本協定締約方會議之《公約》締約方大會另有決議外，作為本協定締約方會議之《公約》締約方大會應在 2023 年進行第一次全球盤點，此後每五年進行一次。

3. 全球盤點的結果應提供締約方參考，以國家自主的方式根據本協定的有關規定更新和加強其行動和協助，以及強化氣候行動的國際合作。

第十五條

1. 茲建立一項機制，以促進本協定規定之履行與遵循。

2.　本條第 1 項所述之機制應由一促進性專家委員會組成，並以透明、非對立、非懲罰性之方式行使其職能。委員會應特別注意各締約方之國家能力與情形。

3.　該委員會應在作為本協定締約方會議之《公約》締約方大會之第一屆大會通過的規範和程序下運作，每年向作為本協定締約方會議之《公約》締約方大會提交報告。

第十六條

1.　《公約》締約方大會為《公約》的最高權力機構，應作為本協定之締約方會議。

2.　非本協定締約方的《公約》締約方，得以觀察員身分參加作為本協定締約方會議之《公約》締約方大會的所有議事活動。在作為本協定締約方會議之《公約》締約方大會時，在本協定作成的決議其效力僅及於協定之締約方。

3.　在作為本協定締約方會議之《公約》締約方大會時，《公約》締約方大會主席團中有代表《公約》締約方但在當時非為本協定締約方之成員時，應另自本協定締約方中選任代表替換之。

4.　作為本協定締約方會議之《公約》締約方大會，應定期審查本協定的執行情況，並應在其授權範圍內作成為促進本協定有效執行所需決議。作為本協定締約方會議之《公約》締約方大會，應履行本協定賦予之職能，並應：

5.　設立為履行本協定而被認為必要的附屬機構；以及

6.　行使為履行本協定所需的其他職能。

7.　除作為本協定締約方會議之《公約》締約方大會本諸共識而另有決議外，

本協定準用《公約》締約方大會的議事規則和依《公約》規定採用的財務規則。

8. 作為本協定締約方會議之《公約》締約方大會的第一屆會議，應由秘書處協同本協定生效日之後預定舉行的第一屆《公約》締約方大會召開之。其後作為本協定締約方會議之《公約》締約方會議常會，除作為本協定締約方會議之《公約》締約方大會另有決議外，應與《公約》締約方大會常會協同舉行。

9. 作為《巴黎協定》締約方會議的《公約》締約方大會特別會議，應在作為《巴黎協定》締約方會議的《公約》締約方大會認為必要的其他任何時間，或應任何締約方之書面請求而召開之。惟在後者，須在秘書處將該書面請求轉知給給各締約方後六個月內得到三分之一以上締約方的支持。

10. 聯合國及其專門機構和國際原子能總署，及其非屬《公約》締約方的成員國或觀察員，均得派代表以觀察員身份出席作為本協定締約方會議之《公約》締約方大會的各屆會議。除出席的締約方至少三分之一反對者外，因與本協定所含括事務相關而適格之任何團體或機構，不論是國家、國際、政府、非政府者，均得經通知秘書處其以觀察員身份派遣代表出席參與作為本協定締約方會議之《公約》締約方大會的某會議之意願，而被接納。觀察員的接納和參加應適用依據本條第 5 項所制定之議事規則。

第十七條

1. 依《公約》第八條設立之秘書處，應作為本協定的秘書處。

2. 《公約》第八條第 2 項秘書處職能與第 3 項秘書處職能行使安排之規定，於本協定準用之。秘書處另應行使本協定與作為本協定締約方會議之《公約》締約方大會所賦予之職能。

第十八條

1.　《公約》第九條和第十條設立的附屬科學與技術諮詢機構 和附屬履行機構，應分別作為本協定附屬科學與技術諮詢機構 和附屬履行機構。《公約》關於此二機構行使職能之規定，於本協定準用之。本協定的附屬科學與技術諮詢機構 和附屬履行機構之各屆會議，應分別與《公約》的附屬科學與技術諮詢機構 和附屬履行機構的會議聯合舉行。

2.　非為本協定締約方之《公約》締約方，得作為觀察員參與附屬機構各屆會議之所有議事。當該附屬機構同時為本協定之附屬機構時，於本協定下所為決議其效力僅及於本協定之締約方。

3.　當依據《公約》第九條和第十條所設立之附屬機構行使與本協定相關事項之職能時，若附屬機構理事成員中，有代表《公約》締約方但當時非屬本協定締約方之成員時，應另自本協定締約方中選任代表替換之。

第十九條

1.　除本協定已提及者，由《公約》或於《公約》下設立之附屬機構或制度化安排，應依作為本協定締約方會議之《公約》締約方大會的決議，為本協定所用。作為本協定締約方會議之《公約》締約方大會，應具體規定前述附屬機構或制度化安排之功能。

2.　作為本協定締約方會議之《公約》締約方大會，得向前述附屬機構及制度化安排提供進一步指導。

第二十條

1.　本協定應開放屬《公約》締約方之各國和區域經濟整合組織簽署，並交由其批准、接受或贊同。本協定應自 2016 年 4 月 22 日至 2017 年 4 月 21 日

止在紐約聯合國總部開放簽署。此後，本協定應自簽署截止日之次日起開放供加入。批准、 接受、贊同或加入的文書應交付寄存處。

2.　任何成為本協定締約方而其成員國均非締約方的區域經濟整合組織，該組織仍應受本協定所有義務之拘束。若區域經濟整合組織的一個或數個成員國為本協定的締約方，該組織及其成員國應按其各自之責任來決定如何履行本協定之義務。在此種情況下，該組織及其成員國不得同時行使本協定規定的權利。

3.　區域經濟整合組織應在其批准、接受、贊同或加入的文書中，就其處理適用本協定事務上之權能為聲明。該類組織還應就其權能範圍的任何重大變更通知寄存處，寄存處應再通知各締約方。

第二十一條

1.　本協定應在不少於 55 個《公約》締約方，包括其估算共占全球溫室氣體總排放量達55%的《公約》締約方寄存其批准、接受、贊同或加入文書之日後第三十天起生效。

2.　本條第 1 項所稱"全球溫室氣體總排放量"意指在《公約》締約方通過本協定之日或之前最新通報的數量。

3.　對於在本條第 1 項規定的生效條件達到之後批准、接受、贊同或加入本協定的每一國家或區域經濟整合組織，本協定應自該國家或區域經濟整合組織批准、接受、贊同或加入的文書寄存之日後第三十天起生效。

4.　於本條第 1 項之適用，區域經濟整合組織寄存的任何文書，不應被計為其成員國之額外寄存。

第二十二條

本協定修正案之通過，準用公約第十五條之規定。

第二十三條

1. 本協定附件之通過與修正，準用公約第十六條之規定。

2. 本協定之附件應屬本協定不可分割之部分，本協定之援用同時及於其所有附件。這些附件應限於清冊、表格和屬於科學、技術、程序或行政性質的任何其他說明性材料。

第二十四條

有關本協定爭端之解決，準用《公約》第十四條之規定。

第二十五條

1. 除本條第 2 項另有規定外，每一締約方應擁有一票表決權。

2. 區域經濟整合組織就其職權內事項，應依其成員國中締約方之總數行使表決權，當此類組織之任一成員國，行使各別表決權時，該組織不得行使表決權，反之亦然。

第二十六條

聯合國秘書長應為本協定的寄存處。

第二十七條

不得對本協定作任何保留。

第二十八條

1. 自本協定對一締約方生效之日起三年後，該締約方可隨時以書面方式向寄存處發出通知退出本協定。

2. 前項之退出得自寄存處接受通知日一年期限屆至、或其通知所載較晚之期日起生效。

3. 退出《公約》的任何締約方，應被視為亦退出本協定。

第二十九條

本協定正本應寄存予聯合國秘書長處，其阿拉伯文、中文、英文、法文、俄文和西班牙文文本同等作準。

二〇一五年十二月十二日訂於巴黎。

下列簽署人，經正式授權，於規定之日期在本協定書上簽字，以昭信守。

國家圖書館出版品預行編目(CIP) 資料

聯合國氣候變化綱要公約與巴黎協定/范建得,
方肇頤, 廖沿臻著. -- 初版. -- 臺北市：元華
文創股份有限公司, 2021.06
面 ； 公分

ISBN 978-957-711-219-4 (平裝)

1.全球氣候變遷 2.環境保護 3.國際公約
328.8   110008412

聯合國氣候變化綱要公約與巴黎協定

范建得　方肇頤　廖沿臻　著

發 行 人：賴洋助
出 版 者：元華文創股份有限公司
聯絡地址：100 臺北市中正區重慶南路二段 51 號 5 樓
公司地址：新竹縣竹北市台元一街 8 號 5 樓之 7
電　　話：(02) 2351-1607　　傳　　真：(02) 2351-1549
網　　址：www.eculture.com.tw
E - m a i l：service@eculture.com.tw
出版年月：2021 年 06 月 初版
定　　價：新臺幣 400 元

ISBN：978-957-711-219-4 (平裝)

總經銷：聯合發行股份有限公司
地　址：231 新北市新店區寶橋路 235 巷 6 弄 6 號 4F
電 話：(02)2917-8022　　　　傳 真：(02)2915-6275